高等学校"十三五"规划教材

机械设计制造及其自动化系列

DESCRIPTIVE GEOMETRY AND MECHANICAL DRAWING TUTORIAL

画法几何与机械制图学习指导

主　编　罗云霞　李利群

副主编　唐艳丽　袭建军

哈尔滨工业大学出版社

HITP　HARBIN INSTITUTE OF TECHNOLOGY PRESS

内 容 简 介

本书可作为机械类或近机械类专业"画法几何及机械制图"课程的配套参考书。全书共有 9 章及附录,包括制图的基本知识,点、直线和平面的投影及其相对位置,立体的投影及其表面交线,轴测投影,组合体,机件表达方法,标准件与常用件,零件图,装配图和附录。每章分为教学基本内容、重点与难点、学习方法或学习要点、例题解析和自测习题五个部分。附录中包括每章的自测习题答案和四套工程图学课程模拟考试试卷及其参考答案。

本书可供高等工科院校、成人教育学院、电视大学、职业技术学院的学生学习"画法几何及机械制图"和"工程制图基础"等制图课程使用。

图书在版编目(CIP)数据

画法几何与机械制图学习指导/罗云霞,李利群主编. —哈尔滨:
哈尔滨工业大学出版社,2017.6
ISBN 978 - 7 - 5603 - 6656 - 2

Ⅰ.①画…　Ⅱ.①罗…　②李…　Ⅲ.①画法几何-教材②机械
制图-教材　Ⅳ.①TH126

中国版本图书馆 CIP 数据核字(2017)第 111828 号

策划编辑　张　荣
责任编辑　张　荣　王桂芝
出版发行　哈尔滨工业大学出版社
社　　址　哈尔滨市南岗区复华四道街 10 号　邮编 150006
传　　真　0451 - 86414749
网　　址　http://hitpress.hit.edu.cn
印　　刷　哈尔滨市工大节能印刷厂
开　　本　787mm×1092mm　1/16　印张 19.75　字数 486 千字
版　　次　2017 年 6 月第 1 版　2017 年 6 月第 1 次印刷
书　　号　ISBN 978 - 7 - 5603 - 6656 - 2
定　　价　40.00 元

前　言

　　"画法几何及机械制图"是高等学校工科机械类和近机类专业的一门重要的技术基础课。为了帮助学生复习、深入理解和掌握课程的重点和难点,培养学生分析问题和解决问题的能力,我们根据"普通高等学校画法几何与机械制图课程教学基本要求",结合多年的教学实践经验并参考国内同类教材编写了本书。

　　本书编写的指导思想如下:

　　(1)每一章都给出了教学基本内容框图、学习的重点和难点,使每一章的内容清晰、一目了然,帮助学生复习和梳理所学的知识。

　　(2)每一章对学习方法或学习要点做了归纳总结,重在帮助学生加深对课程内容和解题方法的理解。每一章都安排了典型的例题解析,根据题目的特点有的例题采用多种解题方法,以启发和开阔学生的思路,使学生掌握解题方法和解题技巧,提高分析问题和解决问题的能力。

　　(3)每一章都选配了具有一定难易程度的自测习题并给出了参考答案,在附录中提供了4套画法几何与机械制图课程的模拟考试试卷及参考答案,帮助学生巩固、检测和综合评价对本课程的学习情况。

　　(4)本书全部采用最新国家标准。

　　本书具体编写分工如下:罗云霞负责第1、4、6、8章,附录Ⅰ第1、4、6、8章答案和附录Ⅱ;李利群、袭建军负责第2、3、5章和附录Ⅰ第2、3、5章答案;唐艳丽负责第7、9章和附录Ⅰ第7、9章答案。本书由罗云霞、李利群担任主编,唐艳丽、袭建军担任副主编,由吴佩年教授担任主审。

　　本书在编写过程中得到了哈尔滨工业大学工程图学部的领导和老师们的大力支持和帮助,在此表示衷心的感谢!

　　由于编者水平有限,书中难免存在疏漏和不妥之处,敬请广大读者批评指正。

编　者
2017 年 3 月

目　　录

第1章

制图的基本知识

1.1　基本内容

　　本章主要介绍《国家标准 机械制图》的一般规定、尺规绘图工具及其使用、基本几何作图方法和平面图形的画法与尺寸标注,内容框图如图 1.1 所示。

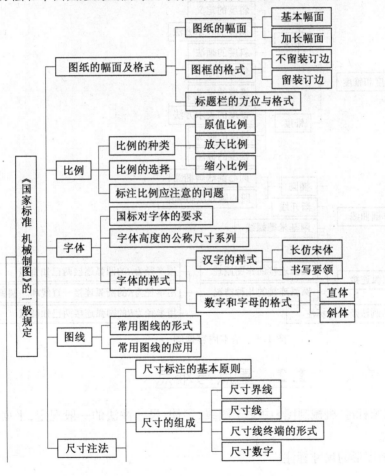

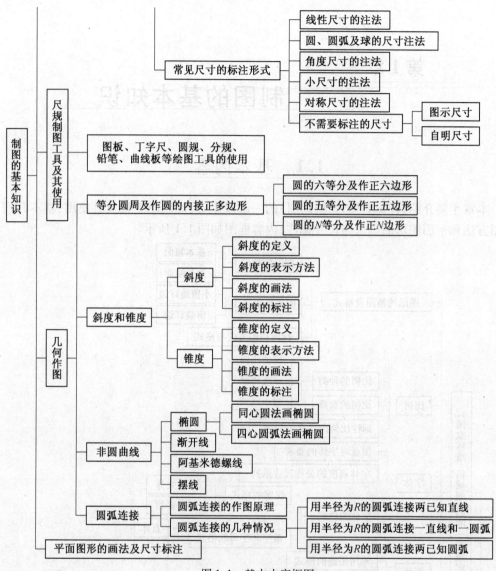

图 1.1　基本内容框图

1.2　重点与难点

（1）重点：《国家标准 机械制图》中关于图线、字体、尺寸注法的一般规定，平面图形的画法及尺寸标注。

（2）难点：平面图形的尺寸标注。

1.3　学习要点

工程图样被称为"工程界的语言"，既然是"语言"就必须有一定的"语法规则"，即对它的格式、内容、表达方法、尺寸注法等做了统一的规定，称为《国家标准 机械制图》，只有

根据国家标准规定绘制的图样,才允许在设计、生产和技术交流中使用。本章学习中应注意如下几个问题:

(1)遵守国家标准,绘图正确和规范。本章介绍的是《国家标准 机械制图》的基本规定,如图纸幅面及格式、比例、字体、图线和尺寸标注等方面的规定,其余将在后续的章节中介绍。对于这部分内容应熟练掌握并自觉遵守,不得随意杜撰,要树立标准化意识,确保绘图正确和规范,具体内容参见例 1.1 和例 1.2。

(2)平面图形的画法。各种工程图样都是由线段、圆弧或其他曲线按一定的几何关系连接而成的,平面图形的画法是画好工程图样的基础,因而应在熟练掌握常见的平面几何图形画法的基础上,根据平面图形所标注的尺寸,分析其各组成部分的形状、大小和它们的相对位置,从而确定正确的绘图步骤。绘制平面图形时,应先画已知线段,再画中间线段,最后画连接线段。

(3)圆弧连接的画法。在工程图样中,常用圆弧连接各种已知线段,此时圆弧称为连接弧。确定一个圆或圆弧的三个尺寸要素是一个定形尺寸(直径 ϕ 或半径 R),两个定位尺寸(确定圆心纵向和横向位置)。圆弧连接中有三种线段,已知三个尺寸要素的圆或圆弧称为已知线段;已知定形尺寸和一个方向的定位尺寸的圆或圆弧称为中间线段;仅已知定形尺寸而没有定位尺寸的圆或圆弧称为连接线段。中间线段和连接线段的定位尺寸隐含在平面图形的几何关系(约束条件)中。因此,为了确保作图准确,圆弧连接的主要作图问题就是求出连接弧的圆心和切点,具体内容参见例 1.3。

(4)平面图形的尺寸标注。平面图形是由一些几何图形和图线组成,在标注平面图形尺寸时,应首先分析平面图形的组成,将其分解成若干个基本的几何图形,标注其定形尺寸,然后选择合适的尺寸基准,标出定位尺寸,具体内容参见例 1.4～例 1.6。

(5)熟悉典型平面图形的尺寸标注。典型平面图形的尺寸标注已经在工程中广泛应用,例如图 1.2 所示的几种常见平面图形的尺寸注法,应在理解的基础上加以应用,这些平面图形是工程中底板或端板的常见结构形状。

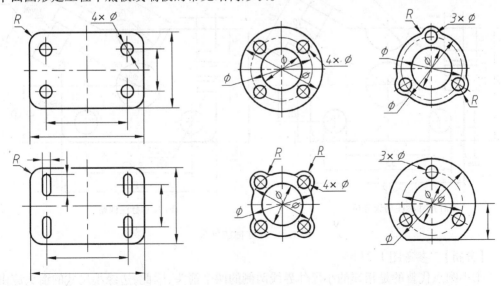

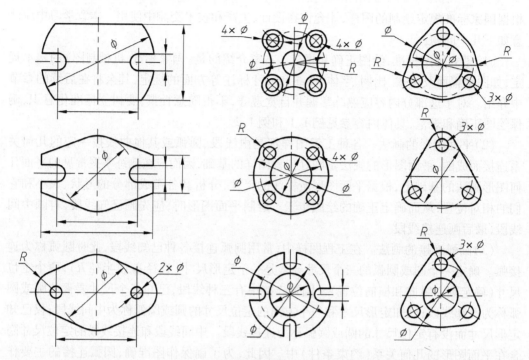

图 1.2　几种常见平面图形的尺寸注法

1.4　例题解析

【例 1.1】　指出图 1.3(a)中尺寸标注的错误,将正确的尺寸标注在图 1.3(b)中。

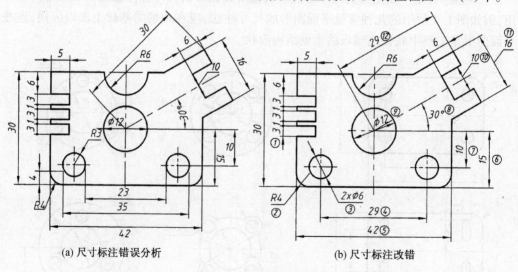

(a) 尺寸标注错误分析　　　　　(b) 尺寸标注改错

图 1.3　尺寸标注分析

【分析】　参考图 1.3(b)。

①小圆点代替的是相邻的小尺寸界线两侧的两个箭头,因此,边缘小尺寸的箭头应由

外侧画向尺寸界线。

②标注圆弧的尺寸线应指向圆弧的圆心,此圆弧为连接弧,不需要标注圆弧圆心的定位尺寸 。

③整圆或大于半圆应标注直径尺寸,并且多个尺寸相同的整圆或大半圆,应标注圆的数量。

④圆的定位尺寸应标注中心距。

⑤尺寸数字应注写在尺寸线上方。

⑥竖直方向的尺寸数字应字头向左;小尺寸在里、大尺寸在外使尺寸标注清晰。

⑦竖直方向的尺寸数字应字头向左。

⑧角度尺寸数字一律水平注写。

⑨尺寸线不允许与其他图线(此处为细点画线)重合或在其他图线的延长线上。

⑩尺寸线不允许用其他图线(此处为粗实线)代替。

⑪线性尺寸在与竖直方向成30°范围内可采用图示的引线标注。

⑫尺寸线应与标注的线段平行且等长。

【例1.2】 按1∶1绘制图1.4(a)所示的平面图形,并抄注尺寸。

【分析】 根据图1.4(a)所示的尺寸,按1∶1绘出此平面图形如1.4(b)所示,注意锥度1∶7的小圆锥的画法,底圆直径为1个长度单位,小圆锥轴线长度为7个长度单位;锥度标注时,锥度符号的方向应与锥度的方向一致,而图1.4(c)的画法和标注是错误的。

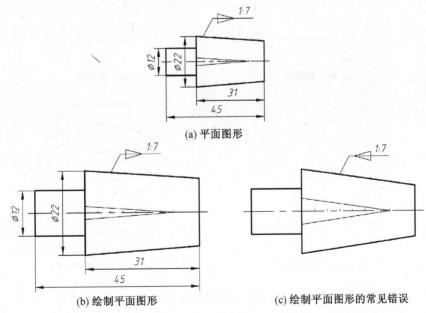

(a) 平面图形

(b) 绘制平面图形   (c) 绘制平面图形的常见错误

图1.4 平面图形的绘制

【例1.3】 绘制图1.5(a)所示的平面图形。

【分析】 本例题主要关于圆弧连接,可以看出圆弧连接既有外切形式又有内切形式。注意分析连接形式、圆弧圆心的轨迹、连接弧半径的大小和对应的切点。

【作图步骤】

（1）根据图形的各个组成部分的尺寸关系,确定作图基准线,如图1.5(b)所示。

（2）判断已知线段、中间线段、连接线段,依次分别作出三种线段,如图1.5(c)、(d)、(e)所示。

（3）描深图线,标注尺寸,完成全图,如图1.5(f)。

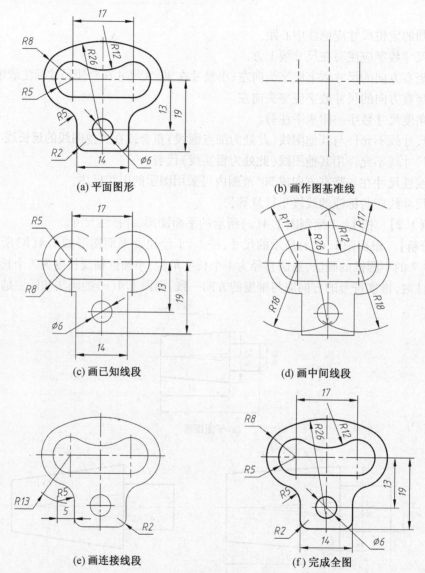

图1.5　平面图形的绘制

【例1.4】　标注图1.6(a)所示平面图形的尺寸(按1∶1测量取整数)。

【分析】　图1.6(a)可以视为在一大圆上,与其同心在圆周上均匀分布地挖切四个小圆和四个U形槽,圆心处又挖切一圆。

标注定形尺寸:$\Phi40$、$\Phi11$、$4\times\Phi6$、$R2$;标注定位尺寸:$\Phi29$。由于四个小圆($4\times\Phi6$)和四个U形槽是在圆周方向均匀分布,四个小圆和四个U形槽之间的夹角可省略标注,如

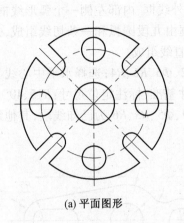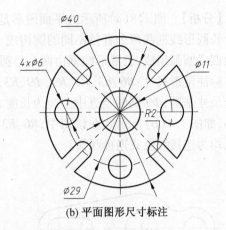

| (a) 平面图形 | (b) 平面图形尺寸标注 |

图 1.6　平面图形及其尺寸标注

图 1.6(b)所示。

【例 1.5】　标注图 1.7(a)所示平面图形的尺寸(按 1∶1 测量取整数)。

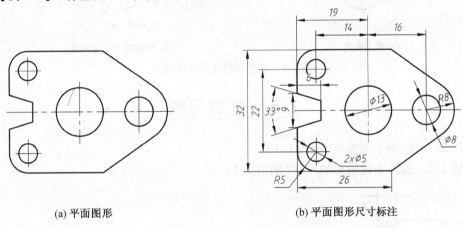

(a) 平面图形　　　　　(b) 平面图形尺寸标注

图 1.7　平面图形及其尺寸标注

【分析】　图 1.7(a)可以视为矩形和倒圆角的等腰三角形叠加,在此基础上,分别上下对称在左侧挖切两个小圆和一个等腰梯形、中间挖切一个大圆、右侧挖切一个圆。

标注定形尺寸:32、26、R5、R8、2×Φ5、Φ13、Φ8、9、6、33°;选择水平中心线为宽度方向基准,Φ13 圆的竖直中心线为长度方向基准;标注定位尺寸:19、16、14、22,如图 1.7(b)所示。

说明　对于线性分布的圆,其定位尺寸通常标注圆心到长度方向和宽度方向尺寸基准的距离。若两圆在某一方向上相对于尺寸基准对称分布且无特殊要求,则在该方向上圆的定位尺寸应标注其中心距,如图 1.7(b)中 2×Φ5 圆的定位尺寸是 14 和 22。若多个圆在圆周方向均匀分布,则圆的定位尺寸应标注圆心所在圆周的直径和两圆径向线之间的夹角,均匀分布时的夹角通常省略标注,如图 1.6(b)中 4×Φ6 圆的定位尺寸为 Φ29,而夹角 90°则省略标注。

【例 1.6】　标注图 1.8(a)所示平面图形的尺寸(按 1∶1 测量取整数)。

【分析】 图 1.8(a)所示的平面图形是由一个外线框、内部左侧一个弧形线框、右侧一个长圆形线框和两个直径不同的圆构成。外线框由九段圆弧和一条切线组成,弧形线框由四段圆弧组成,长圆形线框由两个半圆和两段直线组成。

标注定形尺寸:$R6$、$R3$、$R4$、$R9$、$\Phi9$、$R3$、$R6$、$R12$、$\Phi5$、$R6$、$R4$;选择水平中心线为宽度方向尺寸基准,$\Phi9$ 圆的竖直中心线为长度方向尺寸基准;标注定位尺寸:$R15$、$40°$、5、13、16、6,如图 1.8(b)所示。在该图中,$R6$、$R3$、$R9$、$\Phi9$、$\Phi5$、$R3$、$R6$ 为已知线段,其他线段或圆弧均为连接线段或连接圆弧。

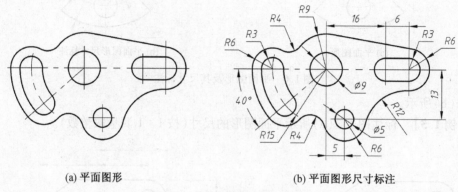

(a) 平面图形   (b) 平面图形尺寸标注

图 1.8 平面图形及其尺寸标注

1.5 自测习题

题 1.1 绘制平面图形(题图 1.1)。

题 1.2 标注平面图形的尺寸(题图 1.2)。

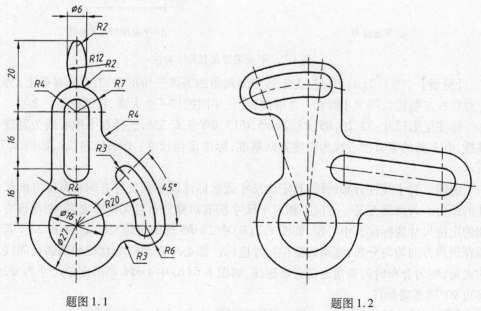

题图 1.1   题图 1.2

题 1.3　标注平面图形的尺寸(题图 1.3)。

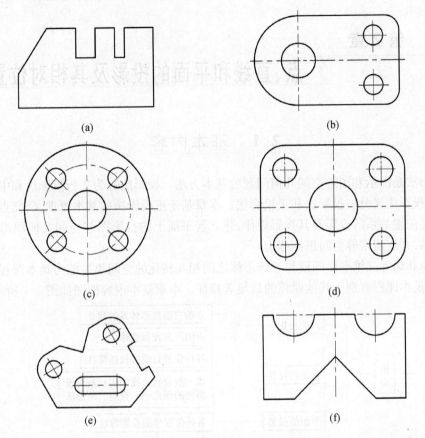

(a)

(b)

(c)

(d)

(e)

(f)

题图 1.3

第 2 章
点、直线和平面的投影及其相对位置

2.1　基本内容

投影法是图示和图解空间几何问题的基本方法。投影法分为平行投影法和中心投影法,平行投影法又分斜投影法和正投影法。本章基于正投影法的基本原理,研究点、线、面及其相互位置关系的投影及其投影规律,建立起平面上的投影图与空间几何原形之间的对应关系,并逐步培养空间思维能力。

培养和训练二维平面图形与三维形体之间相互转化的空间思维能力是本课程的重要任务,也是本课程有别于其他课程的最显著特征。本章基本内容框图如图 2.1 所示。

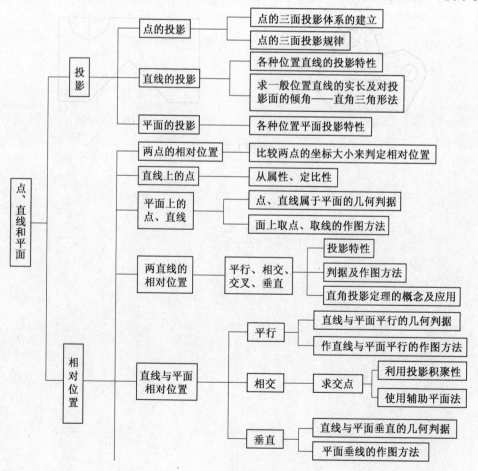

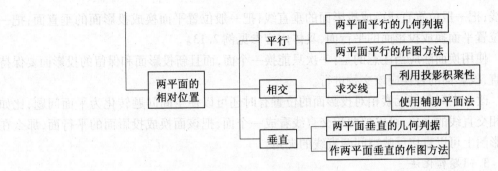

图 2.1　基本内容框图

2.2　重点与难点

（1）直角三角形法的概念及应用。
（2）点、线、面的相对位置关系。

2.3　学习要点

在求解本章习题时，首先应熟练掌握点的投影规律及各种位置直线、平面的投影特性，熟练掌握点、线、面的相对位置关系的投影特性及判别方法，熟练掌握各基本知识点的作图方法，譬如：线面交点的作图方法、面面交线的作图方法、直角三角形法的应用等；其次还应具有平面几何、立体几何的理论基础。

在学习本章内容时，既要注重理论知识的学习、掌握各知识点的内容，又要注重空间思维能力的培养。把理论知识和日常生活所见联系起来能够迅速提高空间思维能力。

本章题型分为基本作图题和综合作图题。基本作图题比较简单，一般是考察单一知识点，如单纯的平行、相交、垂直等作图题，作图比较简单；综合作图题是基本作图题的扩展题，往往综合了几个知识点，只有熟练掌握基本作图题的作图方法，才能求解综合作图题。

综合作图题的解题方法通常有：

1. 轨迹法

在综合作图题中的很多题的解是由若干已知条件决定的。符合某单一条件的解一般是无数个，构成一个轨迹（一般是线或面），这些轨迹的公共解即为所求（交点或交线）。

使用轨迹法解题时不能一成不变地认为一个已知条件就是一个轨迹，有时两个或多个条件构成一个轨迹，可能更有利于解题，作图简单。要善于把不同的已知条件进行组合，构成不同的轨迹，从中发现正确解题思路，具体内容参见例 2.10、例 2.13。

2. 换面法——改变空间几何元素相对投影面的位置

使用换面法改变空间几何元素相对投影面的位置，达到有利于解题的目的。通常是把一般位置转化成特殊位置，即把直线、平面换成平行或垂直，从而使求解问题得到简化。

使用换面法解题时要熟练掌握四类基本作图题，即把一般位置直线换成投影面的平行线;把一般位置直线换成投影面的垂直线;把一般位置平面换成投影面的垂直面;把一般位置平面换成投影面的平行面,具体内容参见例2.13。

使用换面法应当注意的是:一次只能换一个面,而且新投影面和保留的投影面要保持垂直,投影面的替换应该交替进行。

改变空间几何元素相对投影面的位置有时还可以使空间问题转化为平面问题,比如两相交直线的夹角,可以把两相交直线看成一个面,把该面换成投影面的平行面,那么在投影图上可以直接反映空间两直线的夹角。

3. 问题转化法

对于某些问题,可以将求解目标转化为与原目标相关的其他目标求解或将空间问题转化为平面问题。如直线和平面的夹角,可以转化为求其余角,即求直线与平面垂线的夹角;再如求两交叉直线的夹角,可转化为求一直线与另一直线的平行线的夹角,即求两相交直线的夹角,具体内容参见例2.11。

2.4　例题解析

【例2.1】　已知点 A 与 H、V 等距,点 M、N、S 分别属于 H、V、W 面,并已知各点的一面投影,求作各点其余两面投影,如图2.2(a)所示。

【分析】　点 A 与 H、V 面等距,故其 Y 坐标与 Z 坐标相等,点 M、N、S 分别属于 H、V、W 面,其余两面投影分落在投影轴上。

【作图步骤】

(1) 由 a' 作 $a'a_x \perp OX$,并延长。

(2) 在延长线量取 $aa_x = a'a_x$,得 a 点。

(3) 利用45°线作出 a'',作图结果如2.2(b)所示。

(4) 点 M、N、S 的其余两面投影的作法与上述作法相同,只是其投影分别落在投影轴上,值得注意的是 M 点的侧面投影 m'' 和 S 点的水平投影 s 的位置,如图2.2(b)所示。

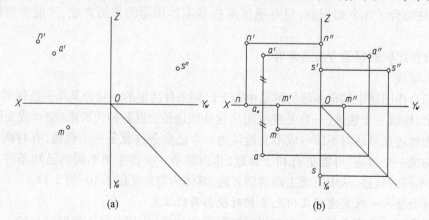

图2.2　求点的两面投影

【**例2.2**】   已知点 A 的正面投影 a'，AB 为正垂线，且点 A 在点 B 的前方，$AB = BC = 18$ mm，BC 为正平线，点 C 距 H 面11 mm，距 V 面7 mm，求作 AB、BC、AC 的两面投影，如图 2.3(a) 所示。

【**分析**】   因 AB 为正垂线，其正面投影具有积聚性，由 a' 可求得 b'；BC 为正平线，其正面投影反映实长，水平投影平行 OX 轴，又知 $b'c' = 18$ mm，c'、c 距 OX 轴分别为 11 mm、7 mm，可求得 C 点的两面投影，同时求出 b 点；再根据 $ab = 18$ mm，求出 a 点。

【**作图步骤**】

（1）根据 AB 为正垂线，由 a' 得 b'，以 b' 为圆心、18 mm 为半径画弧，由 OX 轴向上量取 11 mm，作 OX 轴的平行线交所画的弧于 c' 点。

（2）由 c' 作 OX 轴的垂线并延长，在延长线上从 OX 轴向下量取 7 mm，得 c 点。

（3）过 c 点作 cb ∥ OX 轴，得 b 点。

（4）由 b 点向下量取 18 mm，得 a 点，如图 2.3(b) 所示。

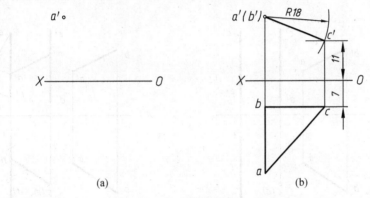

图 2.3   求直线的两面投影

【**例2.3**】   在直线 AB 上确定一点 K，使 K 点距 V 和 H 面距离之比为 2∶3，如图 2.4(a) 所示。

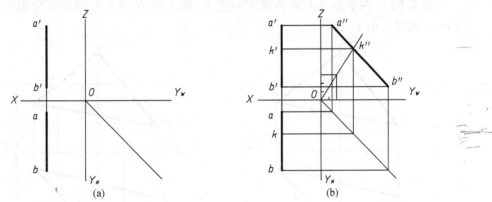

图 2.4   线上取点

【分析】　Y、Z 坐标分别反映点到 V 和 H 面的距离,在侧面投影作一条辅助直线与 V 和 H 面距离之比为 2 ∶ 3,则该线与 AB 的侧面投影的交点即为 K 点的侧面投影。

【作图步骤】

(1)补出直线 AB 的侧面投影 $a''b''$。

(2)在侧投影面作一直线,使线上所有点距 V 和 H 面的距离之比为 2 ∶ 3,该直线与 $a''b''$ 相交于 k'' 点,由 k'' 点确定 k 和 k' 点,如图 2.4(b) 所示。

【例 2.4】　作一直线 MN 平行 AB,与 CD、EF 均相交,如图 2.5(a) 所示。

【分析】　根据题意,直线 MN 的两面投影必与 AB 直线的同面投影平行,由于 CD 为铅垂线,MN 的水平投影必通过 CD 的水平投影,正面投影位置用定比性来确定。

【作图步骤】

(1)过 c 点作 mn ∥ ab 交 ef 于 n 点。

(2)用定比性确定 n' 点,过 n' 作 $n'm'$ ∥ $a'b'$ 交 $c'd'$ 于 m' 点,则 MN 即为所求,如图 2.5(b) 所示。

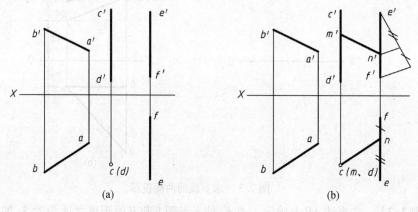

图 2.5　作相交直线

【例 2.5】　在平面 △ABC 内确定一点 K,使 K 到 H 和 V 面的距离分别为 18 mm、13 mm,如图 2.6(a) 所示。

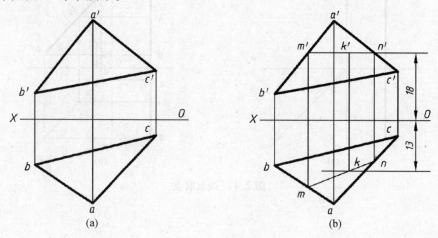

图 2.6　面内取点

【分析】 要想在面内取点,首先得在面内取线,所求之点在面内距 H 面为 18 mm 的水平线上。

【作图步骤】

(1) 在平面 $\triangle ABC$ 内作一水平线 MN,使 MN 距 H 面为 18 mm。

(2) 在水平投影面上作一直线平行 OX 轴,且距 OX 轴为 13 mm,该直线与 mn 的交点 k 即为 K 点的水平投影,由 k 确定 k',如图 2.6(b) 所示。

【例 2.6】 已知直线 AB 对 H 面的倾角为 30°,补出 AB 的水平投影,如图 2.7(a) 所示。

【分析】 本例题给出 AB 的正面投影,可求出直线对 H 面的坐标差,又已知对 H 面的倾角,可利用直角三角形法求出直线的水平投影长。

【作图步骤】

(1) 在正面投影利用对 H 面的倾角和坐标差作直角三角形,30° 角对应的直角边是直线对 H 面的坐标差,另一直角边是直线在 H 面上的投影长。

(2) 以 b 点为圆心,直线在 H 面的投影长为半径画弧,交过 a' 的竖直线于 a 点,如图 2.7(b) 所示,此题有两解。

说明 在用直角三角形法解题时,一定要充分理解直角三角形三边的构成。斜边是直线的实长,两直角边一个是直线两端点对投影面的坐标差,另一个是直线对该投影面的投影长,都是指对同一投影面。

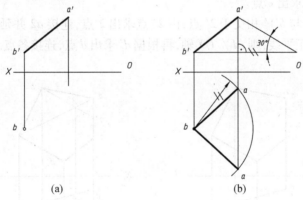

图 2.7 补直线水平投影

【例 2.7】 已知直线 AB 平行于 $\triangle CDE$,补全 $\triangle CDE$ 的正面投影,如图 2.8(a) 所示。

【分析】 直线 AB 平行于 $\triangle CDE$,则 $\triangle CDE$ 面内必有一直线与 AB 平行。

【作图步骤】

(1) 过 D 点作面内直线 $DF \parallel AB$,过 d 点作 $df \parallel ab$ 交 ec 于 f,过 d' 作 $d'f' \parallel a'b'$。

(2) 连接 $c'f'$ 并延长,与过 e 点的竖直线交于 e' 点,连接 $e'd'$,完成 $\triangle CDE$ 的正面投影,如图 2.8(b) 所示。

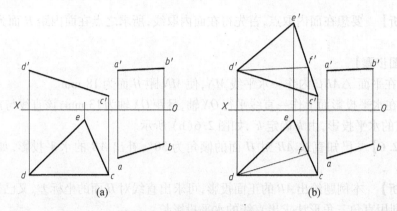

图 2.8　补全平面的正面投影

【例 2.8】　已知 CD 为正平线,补全平面图形 $ABCDE$ 的水平投影,如图 2.9(a)所示。

【分析】　因 CD 为正平线,其正面投影反映实长,水平投影平行于 OX 轴。虽然 CD 的水平投影不能直接作出,但可以在面内作出辅助线与 CD 平行,即用正平辅助线来解题。

【作图步骤】

(1)过 b' 作 $b'1' \parallel c'd'$ 交 $a'e'$ 于 $1'$ 点,过 b 作 $b1 \parallel OX$ 轴得 1 点。

(2)用定比性求出 e 点。

(3)连接 $a'c'$ 与 $b'1'$ 相交于 $2'$ 点,由 $2'$ 点求出 2 点,连接 $a2$ 并延长求出 c 点。

(4)因 CD 为正平线,则 $cd \parallel OX$ 轴,再根据 d' 求出 d 点,连接各点,完成水平投影,如图 2.9(b)所示。

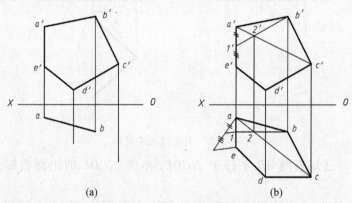

图 2.9　补全平面图形的水平投影

【例 2.9】　已知平面图形 $ABCD$ 的 B 点在 AM 上,AB 的实长为 L_{AB},CD 的实长为 L_{CD},补全平面图形 $ABCD$ 的两面投影,如图 2.10(a)所示。

【分析】　因 B 点在 AM 上,但 AM 的两面投影均不反映实长,不能在 AM 的投影上直接确定 B 点,可利用 AB 的实长及定比性确定 B 点的投影,完成平面图形的水平投影;再通过引与 CD 平行的辅助线及利用 CD 的实长作出正面投影。

【作图步骤】

(1) 用直角三角形法求出 AM 的实长,利用 AB 的实长 L_{AB} 使用定比性确定 b' 点,由 b' 点确定 b 点,完成平面图形的水平投影。

(2) 由 CD 的实长 L_{CD} 和其对正面投影的坐标差作直角三角形,得 CD 的正面投影长 c_1c_0。

(3) 在平面图形的水平投影上,过 a 点作 $af \parallel cd$,并交 cb 于 f 点,则 $AF \parallel CD$。

(4) 由于 af 和 cd 的长度之比等于其正面投影长度之比(定比性),作出 AF 的正面投影长 f_1F_0。

(5) 以 a' 为圆心,f_1F_0 为半径画圆弧和过 f 点的竖直线相交于 f' 点。

(6) 根据 $b'f'$ 作出 c' 点,d' 点利用 CD 的正面投影长 c_1c_0 求出,完成平面图形的正面投影,如图 2.10(b) 所示。

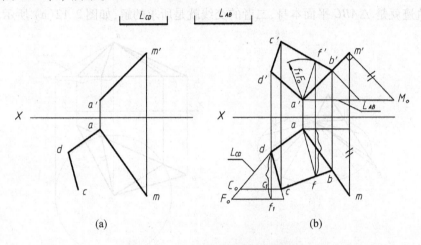

(a)   (b)

图 2.10 补全平面图形的两面投影

【例 2.10】 已知 $\triangle ABC$ 的 BC 边为水平线,过 A 点作属于面内的直线,使其 $\alpha = 30°$,如图 2.11(a) 所示。

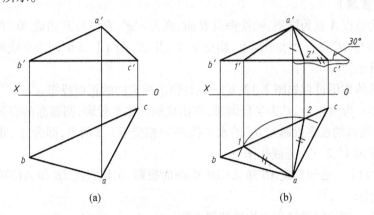

(a)   (b)

图 2.11 作属于面内的线(一)

解法 1 利用直角三角形法构想解题思路。

【分析】   作属于面内的线必须通过面内两点,根据题意,首先通过 A 点,另外一点可选在 BC 边上。由于 BC 边为水平线,其上任一点距 A 点的 Z 坐标差一定,即所求直线对 H 面的坐标差已经确定,据此使用直角三角形法可求出直线的水平投影长。

【作图步骤】

(1)以 a' 到 b'c' 的距离(对 H 面的坐标差)为一直角边及 α = 30° 作直角三角形,在此直角三角形中,α 角对应的直角边是所求直线对 H 面的坐标差,另一直角边是 H 面的投影长。

(2)以 a 点为圆心,所求直线在 H 面上的投影长为半径画弧交 bc 于 1、2 点,由 1、2 点定出 1'、2' 点,直线 A Ⅰ、A Ⅱ 即为所求,如图 2.11(b)所示。

解法 2   利用轨迹法构想解题思路。

【分析】   此题的解可看成有两个条件决定:条件一是过 A 点与 H 面成 30° 的直线;条件二是过 A 点面内的线。条件一的轨迹是以 A 为锥顶、素线与 H 面成 30° 角的圆锥面;条件二的轨迹就是 △ABC 平面本身,二者的交线就是所求的解,如图 2.12(a)所示。

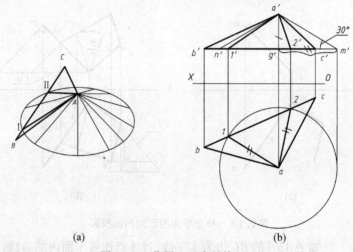

(a)   (b)

图 2.12   作属于面内的线(二)

【作图步骤】

(1)构造以 A 点为锥顶、轴线垂直 H 面、高为 a'g'、素线与 H 面成 30° 角的圆锥面,圆锥面的底圆与 BC 在一个水平面上,相交于 Ⅰ、Ⅱ 点,则 A Ⅰ、A Ⅱ 两条素线即为所求,如图 2.12(a)所示。

(2)具体作图过程如图 2.12(b)所示:作出圆锥面的正面投影 a'm'n' 及圆锥面的水平投影。以 a 为圆心,g'm' 为半径画圆,作出底圆的水平投影,圆锥面的底圆与 BC 在一个水平面上,底圆的水平投影与 BC 的水平投影 bc 相交于 1、2 两点,即为 Ⅰ、Ⅱ 点水平投影,由 1、2 点求出 1'、2' 点,完成作图。

【例 2.11】   已知直线 AB 和 △CDE 的两面投影,求作直线 AB 和 △CDE 的夹角,如图 2.13(a)所示。

解法 1   利用问题转化法构想解题思路。

【分析】   先求直线与平面垂线的夹角,即直线与平面的余角,再求出直线与平面的夹角,如图 2.13(b)所示。

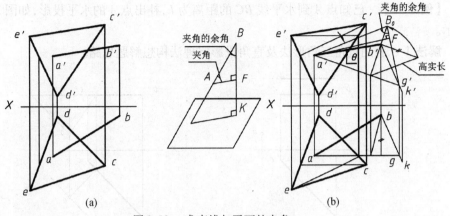

图 2.13　求直线与平面的夹角

【作图步骤】

（1）过 B 点作 $\triangle CDE$ 的垂线。过点 C、E 分别作面内的正平线及水平线,过 B 点作直线 BK,使 $b'k'$ 垂直正平线的正面投影、bk 垂直水平线的水平面投影,则 BK 即为过 B 点垂直 $\triangle CDE$ 的垂线。

（2）在直线 AB 和 BK 构成的面内取一正平线 AG。

（3）求出 $\triangle ABG$ 的实形。过 B 作 $\triangle ABG$ 的高,求出高的实长。利用高的实长求出 $\triangle ABG$ 的实形 $\triangle a'B_0g'$,则 $\angle B_0$ 即为夹角的余角。

（4）过 a' 作 $a'F \perp B_0k'$,则 $\angle \theta$ 即为所求,如图 2.13（b）所示。

解法 2　利用换面法求解。

【分析】　把平面换成投影面的平行面,则直线与投影面的倾角即为直线与平面的夹角。

【作图步骤】

（1）过 C 点在 $\triangle CDE$ 面内取正平线 CF,经过两次换面把 $\triangle CDE$ 换成新投影面的平行面。

（2）利用直角三角形法求直线 AB 对 V_1 的倾角,$\angle \theta$ 即为所求,如图 2.14 所示。

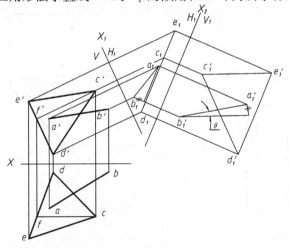

图 2.14　用换面法求直线与平面的夹角

【例2.12】　已知点 A 到水平线 BC 的距离为 L，补出点 A 的水平投影，如图2.15(a)所示。

解法1　利用直角三角形法及直角投影定理法构想解题思路。

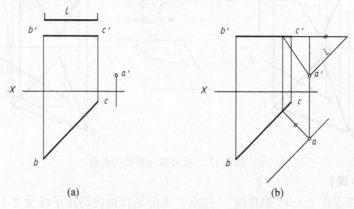

图2.15　补出点的水平投影(一)

【分析】　由于 BC 为水平线，点 A 到直线 BC 的 Z 坐标差一定，根据 A 到 BC 的距离为 L，可以利用直角三角形法求出垂线的水平投影长，根据直角投影定理可确定垂线的水平投影方向，以此确定点 A 的水平投影。

【作图步骤】

（1）以实长 L 为斜边，以点 a' 到 $b'c'$ 的坐标差（对 H 面）为直角边作直角三角形，则该直角三角形的另一直角边为垂线的水平投影长，由直角投影定理可知，该投影垂直 bc。

（2）在水平投影上作直线平行 bc，且距 bc 等于垂线的水平投影长，该直线与过 a' 的竖直线交点即为 a 点，如图2.15(b)所示。

解法2　使用轨迹法构想解题思路。

【分析】　点 A 到直线 BC 的距离为 L，其点 A 的轨迹为以 BC 为轴线，半径为 L 的圆柱面，点 A 就在柱面上，如图2.16(a)所示。若柱面垂直投影，则 A 点就在柱面积聚的圆周上。

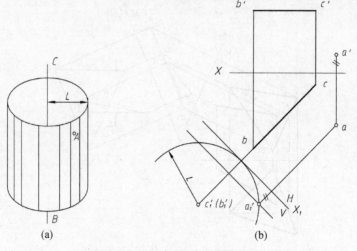

图2.16　补出点的水平投影(二)

【作图步骤】

（1）用换面法，经一次换面，把 BC 换成投影面的垂直线，则轨迹柱面积聚成圆。

（2）以 c_1' 为圆心，L 为半径画弧，作 X_1 的平行线，使其距 X_1 的距离等于点 a 到 OX 轴的距离，该平行线与圆弧的交点即为点 A 的新投影 a_1'，由 a_1' 确定 a 点，如图 2.16(b) 所示。

【例 2.13】 过点 A 作一直线与两直线相交，如图 2.17(a) 所示。

解法 1 使用轨迹法构想解题思路。

【分析】 过点 A 作与 DE 相交的直线，其轨迹是由点 A 和 DE 构成的平面，求出直线 BC 与平面的交点 K，则 AK 即为所求，如图 2.17(b) 所示。

【作图步骤】

（1）由点 A 和直线 DE 构造平面 ADE。

（2）使用辅助平面法求出直线 BC 与平面 ADE 的交点 K，连接 AK 并延长与 DE 相交，该直线即为所求，如图 2.17(b) 所示。

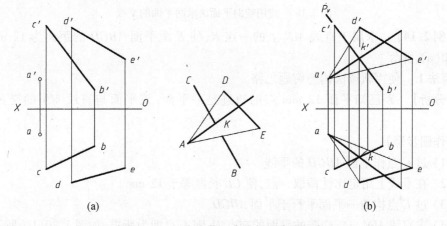

(a) (b)

图 2.17 过定点作一直线与两直线相交

解法 2 使用换面法求解。

本例题也可使用换面法求平面 ADE 与直线 BC 的交点，如图 2.18 所示，作法从略。

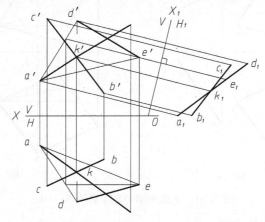

图 2.18 使用换面法求交线

也可过点 A 包含直线 BC、DE 分别构造两个轨迹面 ABC 和 ADE,用"三面共点法"求出两平面的交线,该直线即为过 A 点与 BC、DE 相交的直线,如图 2.19 所示。

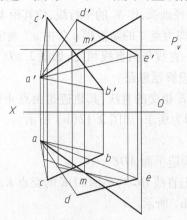

图 2.19 使用辅助平面法求两平面的交线

【例 2.14】 求属于直线 MN 上的一点 K,使 K 距平面 $ABCD$ 的距离为 12 mm,如图 2.20(a) 所示。

解法 1 使用轨迹法构想解题思路。

【分析】 距已知平面 12 mm 点的轨迹是一平面,该平面与直线 MN 的交点即为所求。

【作图步骤】

(1) 过 C 点作平面 $ABCD$ 的垂线。

(2) 在垂线上用定比性截取一点,使 CE 长度等于 12 mm。

(3) 过 E 点构造一平面平行于平面 $ABCD$。

(4) 求直线 MN 与新构造的平面的交点 K,则 K 点即为所求,如图 2.20(b) 所示。

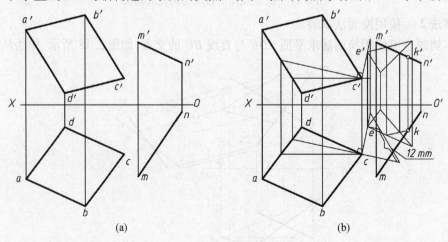

(a)　　　　　　　　　　　(b)

图 2.20 求距平面一定距离的点(一)

解法 2 使用换面法求解。

如果把平面 $ABCD$ 换成新投影面的垂直面,则轨迹面(与平面 $ABCD$ 平行且距 12 mm

的平面）也变成新投影面的垂直面，其投影积聚成一直线，该直线与直线 *MN* 的交点 *K* 即为所求，如图 2.21 所示，作图过程从略。

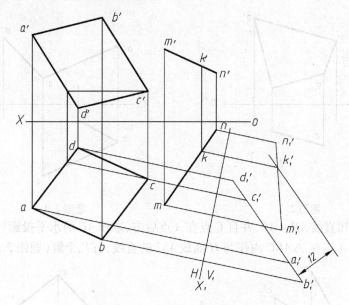

图 2.21　求距平面一定距离的点（二）

2.5　自测习题

题 2.1　已知过 *N* 点的水平线与 *AB*、*CD* 均相交，补全 *N* 点的水平投影（题图 2.1）。

题 2.2　已知平面 *P* 由 *DE*、*MN* 构成，△*ABC* 与平面 *P* 平行，补全 △*ABC* 的正面投影（题图 2.2）。

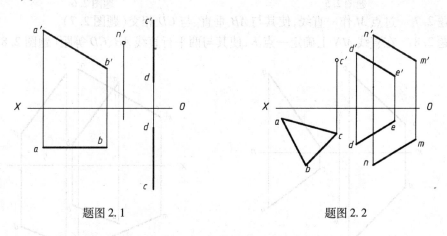

题图 2.1　　　　　　　　　　　题图 2.2

题 2.3　已知四边形 *ABCD* 的 *AB* 边为正平线，补全四边形 *ABCD* 的水平投影（题图 2.3）。

题2.4　已知平面图形 ABCD 的部分投影，AD = 17 mm，并且 D 点在 A 点的后方，补全平面图形 ABCD 的投影（题图2.4）。

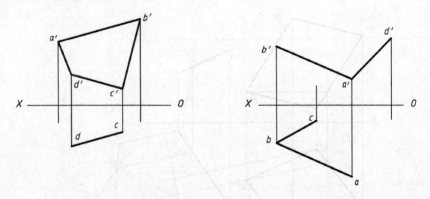

题图2.3　　　　　　　　　　　　　題图2.4

题2.5　已知直线 AB = AC，并且 C 点在 A 点后方，求作 AC 的水平投影（题图2.5）。

题2.6　过 A 点在 △ABC 内作与 H 面成45°的直线，有几个解（题图2.6）？

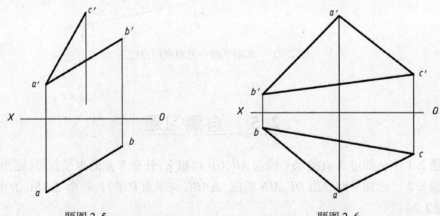

題图2.5　　　　　　　　　　　　　題图2.6

题2.7　过点 M 作一直线，使其与 AB 垂直、与 CD 相交（题图2.7）。

题2.8　在直线 MN 上确定一点 K，使其与两平行直线 AB、CD 等距（题图2.8）。

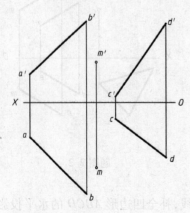　　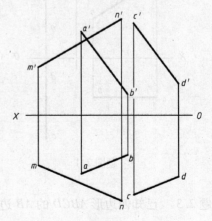

題图2.7　　　　　　　　　　　　　題图2.8

题2.9　已知直线 *EF* 垂直于平面 △*ABC*，且 *E* 点距该平面的距离为 19 mm，补出平面的正面投影（题图2.9）。

题2.10　已知平行的两条直线的距离为 14 mm，补出直线 *CD* 的正面投影（题图2.10）。

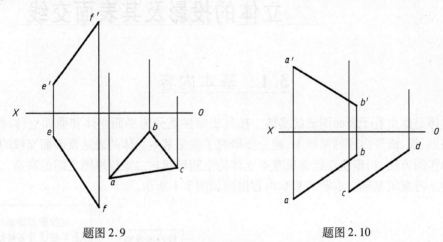

题图 2.9　　　　　　　　　　题图 2.10

第3章
立体的投影及其表面交线

3.1 基本内容

立体是指由若干表面围成的实体。按其表面性质分为平面立体和曲面立体两大类。本章在点、线、面等内容的基础上，进一步研究了常见基本立体的表达及表面交线的性质、形状和作图方法，初步建立起常见基本立体的空间形状与二维投影图之间的联系，为后续内容的学习奠定基础。本章的基本内容框图如图 3.1 所示。

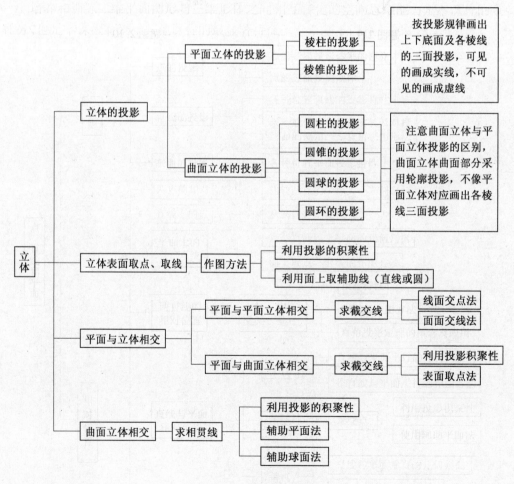

图 3.1　基本内容框图

3.2　重点与难点

(1)立体的投影及表面取点、取线。
(2)截交线、相贯线的作图方法。

3.3　立体表面取点、取线

3.3.1　学习方法

熟练掌握各种基本立体的三面投影图的画法,尤其应注意曲面立体曲面部分的投影画法,曲面立体曲面部分的投影是采用轮廓投影,并不像平面立体对应画出各棱线的三面投影,同时熟记各种基本立体的投影特征,把投影图与空间立体的形状对应起来。

表面取点:根据已知点的位置,判断点所属立体表面的空间位置,若该表面投影具有积聚性,则利用投影的积聚性直接求出点的另外两面投影,具体内容参见例 3.1 和例 3.4;若该表面是一般位置面,其投影不具有积聚性,则通过面上取线(直线或圆)来求另外两面投影,具体内容参见例 3.2 和例 3.3。

判别属于平面的点可见性的原则是:若点所在的面(平面或曲面)的投影可见,则点的同面投影也可见;反之,若点所在面的投影不可见,则点的同面投影也不可见;若点所在的面在某一投影面上具有投影积聚性,则点在该投影面上一般也视为可见。

表面取线:立体表面取线实质是立体表面取点的延续。首先根据已知线段(直线段或曲线)的投影来判断线段是在立体的一个表面上还是多个表面上,若是在立体多个表面上,应分解几部分,每一部分只属于一个立体表面,然后分别求解;其次分析这些线段是直线还是曲线,若是直线,则分别求出直线两端点的同面投影直接相连;若是曲线,则应求出一系列点(线上的特殊点和一般点)的同面投影,判别可见性,依次光滑连接,具体内容参见例 3.5。

3.3.2　例题解析

【例 3.1】　已知三棱柱的正面投影和水平投影,补画出它的侧面投影及表面各点所缺的投影,如图 3.2(a)所示。

【分析】　由图 3.2(a)可知,三棱柱的上下底面为水平面,左右两个棱面为铅垂面,后面的棱面为正平面,三条棱线均为铅垂线,按投影规律作出三棱柱的侧面投影。

三棱柱的上下底面及各棱面都是特殊位置面,均具有积聚性,可利用投影的积聚性补出点的另两面投影。

【作图步骤】
(1)按投影规律作出三棱柱的侧面投影,如图 3.2(b)所示。
(2) 根据点 A、B、E 的正面投影 a'、b'、e' 的位置,可判定点 A、B、E 在棱面上,棱面的水平投影具有积聚性,可直接求得 a、b、e,然后求出 a''、b''、e'',如图 3.2(b) 所示。

(3) 根据 C 点的水平投影 c 的位置,可判定点 C 在棱柱的上底面上,上底面在正面投影具有积聚性,因此可直接求得正面投影 c',然后求出 c'',如图 3.2(b) 所示。

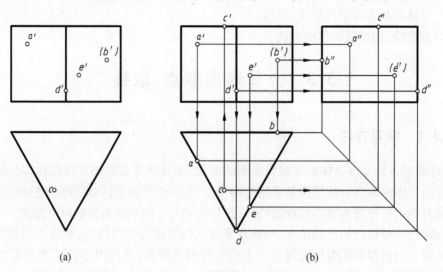

图 3.2　三棱柱的投影及表面取点

(4) 根据点 D 正面投影 d' 的位置,可判定点 D 在棱线上,其相应的投影在该棱线的同面投影上,可直接求得 d''、d,如图 3.2(b) 所示。

说明　点的投影用括号括上,表示点在该投影方向上不可见。

【例 3.2】　已知五棱锥的正面投影和水平投影,补画出它的侧面投影及表面各点所缺的投影,如图 3.3(a) 所示。

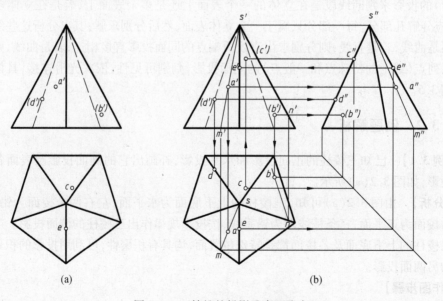

图 3.3　五棱锥的投影及表面取点

【分析】　由图 3.3(a) 可知,五棱锥的底面为水平面,最后的棱面为侧垂面,其余为一般位置平面。五条棱线中,最前面的棱线为一侧平线,其余各棱线均为一般位置直线,按投影规律作出各棱线及底面的侧面投影,即可得五棱锥的侧面投影。

在特殊位置面上的点,可利用投影的积聚性求点;在一般位置面上的点,通过面上取辅助线的方法补点。

【作图步骤】

(1) 按投影规律作出五棱锥的侧面投影,如图 3.3(b) 所示。

(2) 根据 A 点正面投影 a' 的位置及可见性可判定点 A 在左前棱面上,左前棱面为一般位置面,通过作辅助线 SM 求 A 点的水平投影 a 及侧面投影 a'',如图 3.3(b) 所示。

(3) 点 B 在一般位置的棱面上,作图方法与 A 点方法相同,只是取辅助线的方式不一样,如图 3.3(b) 所示。

(4) 根据点 C 的水平投影 c 的位置及可见性,可判定点 C 在最后棱面上,该棱面的侧面投影具有积聚性,可直接求得 c'',由 c、c'' 求 c',如图 3.3(b) 所示。

(5) 点 D、E 在棱线上,其投影在相应棱线的同面投影上,可直接补出所缺的投影,如图 3.3(b) 所示。

【例 3.3】 已知圆柱的正面投影和水平投影,补画其侧面投影及表面各点所缺的投影,如图 3.4(a) 所示。

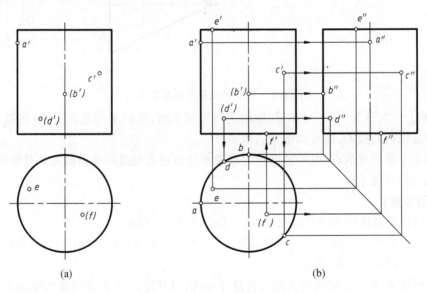

(a) 　　　　　　　　　　　　(b)

图 3.4　圆柱的投影及表面取点

【分析】 由图 3.4(a) 可知,圆柱的上、下底面为水平面,柱面的水平投影具有积聚性,按投影规律作出上、下底面及柱面的投影,即可得圆柱的侧面投影。可利用投影的积聚性补出表面各点所缺的投影。

【作图步骤】

(1) 按投影规律作出圆柱的侧面投影,如图 3.4(b) 所示。

(2) 点 A 在圆柱正面投影的轮廓线上,点 B 在圆柱的侧面投影的轮廓线上,可直接求得其另两面投影,如图 3.4(b) 所示,只是注意轮廓线在各投影面的对应位置。

（3）根据点 C、D 在正面投影的位置及可见性，可判定点 C、D 在柱面上。点 C 在圆柱的右前柱面上，点 D 在左后柱面上，利用投影的积聚性可直接求得 c、d，然后求出 c''、d''，如图 3.4（b）所示。

（4）根据点 E、F 的水平投影的位置及可见性，可判定点 E、F 在圆柱的上、下底面上，上、下底面在正面投影具有积聚性，可直接求得 e'、f'，然后求出 e''、f''，如图 3.4（b）所示。

【例 3.4】　已知圆锥的正面投影和侧面投影，补画其水平投影及表面各点所缺的投影，如图 3.5（a）所示。

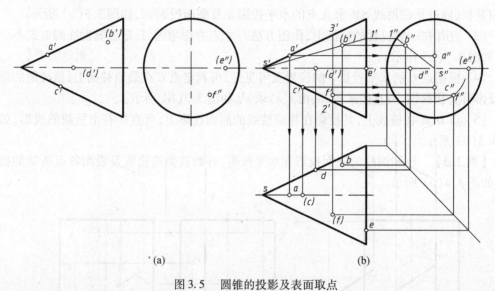

图 3.5　圆锥的投影及表面取点

【分析】　由图 3.5（a）可知，圆锥的底面为侧平面，锥面采用轮廓投影；按投影规律作出底面及锥面的投影，即可得圆锥的水平投影。

锥面上一般位置的点，可用过锥顶的辅助素线或垂直轴线的辅助圆法求其他投影，轮廓线上的点可直接求得。

【作图步骤】

（1）按投影规律作出圆锥的水平投影，如图 3.5（b）所示。

（2）点 A、C 在圆锥的正面投影轮廓线上，点 D 在水平投影的轮廓线上，可直接求得其另两面投影，如图 3.5（b）所示。

（3）根据 B、F 点已知的投影的位置及可见性，可判定点 B、F 在圆锥的锥面上。点 B 在圆锥的后上锥面部分上，点 F 的位置在圆锥的前下锥面部分上。点 B 通过取过锥顶的辅助素线 $S\text{I}$ 作另两面投影；点 F 通过作辅助圆的方法补另两面投影，具体作法是：过 f' 作垂直轴线的圆，然后确定辅助圆正面投影的位置 $2'3'$，点 F 的正面投影 f' 在 $2'3'$ 上，由 f'、f'' 求出 f，如图 3.5（b）所示。

（4）根据点 E 侧面投影的位置及可见性，可判定点 E 在圆锥的底面上，底面的正面投影和水平投影具有积聚性，可直接求得 e'、e，如图 3.5（b）所示。

【例 3.5】　已知圆柱表面线段 AB 的正面投影，求其水平投影及侧面投影，如图 3.6（a）所示。

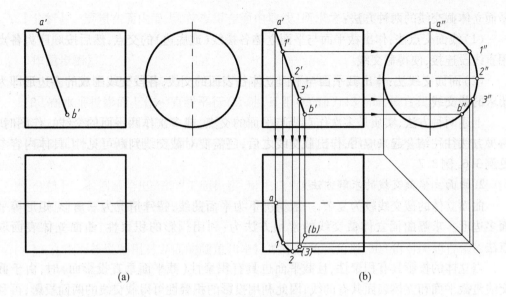

图3.6　圆柱表面取线

【分析】 由图3.6(a)所示,根据线段 AB 正面投影的位置,可判定线段 AB 为曲线,是椭圆的一部分。作曲线的投影方法是:在曲线的适当位置取一系列点,作出其另两面投影,不能遗漏轮廓线上的点,然后光滑连接并判断可见性。

【作图步骤】

(1)在线段 AB 上取 Ⅰ、Ⅱ、Ⅲ 点,Ⅱ点是水平投影轮廓线上的点,并在正面投影标出对应的投影 $1'$、$2'$、$3'$,如图3.6(b)所示。

(2)利用投影的积聚性首先求出各点的侧面投影 a''、$1''$、$2''$、$3''$、b'',然后求出 a、1、2、3、b,如图3.6(b)所示。

(3)光滑连接并判断可见性,Ⅱ点是水平投影可见与不可见的分界点,如图3.6(b)所示。

3.4　平面与立体相交

3.4.1　学习方法

平面与立体相交,可以认为是立体被平面所截切。通常将平面称为截平面,截平面与立体表面的交线称为截交线。

截交线是截平面与立体表面共有的线,求截交线以立体的投影、表面取点、取线为基础。

截交线主要分为两大类:平面立体的截交线与曲面立体截交线。

1.平面立体截交线的求解方法

平面立体的截交线是一封闭的平面多边形,多边形的边是截平面与各棱面(或底面)的交线,多边形的顶点是截平面与平面立体的棱线(或底边)的交点。因此,可得出作出平面立体截交线的两种方法：

(1)线面交点法：作出截平面与平面立体各棱线(或底边)的交点，然后按顺序将各点用直线段连接，便得截交线。

(2)面面交线法：作出截平面与平面立体各表面的交线，各段交线围成的多边形即为所求的截交线。

上述两种方法，实质是多次作直线与平面的交点，或多次作两平面的交线。作图时，两种方法往往结合起来应用，作出截交线之后，还需要对截交线判断可见性，具体内容参见例3.6、例3.7。

2. 曲面立体截交线的求解方法

曲面立体的截交线较为复杂，一般情况下为平面曲线，特殊情况为三角形、矩形等平面多边形。求解曲面立体截交线的常用方法为：利用投影的积聚性、曲面立体表面取点法。

当立体的投影具有积聚性、且截平面也具有积聚性(截平面垂直投影面)时，由于截交线是截平面和立体表面共有的线，因此利用投影的积聚性可得截交线的两面投影，再利用点的投影规律直接求得截交线的第三面投影，具体内容参见例3.8；若立体的投影没有积聚性，但截平面具有积聚性，则可直接得到截交线的一面投影，然后利用表面取点作图法求得截交线的另两面投影，具体内容参见例3.9。

求截交线的一般步骤是：

(1)根据立体的形状及截平面相对立体的位置分析截交线的空间形状及投影特点。

(2)若截交线为直线段，求其两端点；若截交线是曲线，则先求特殊点，即截交线上最高、最低、最左、最右、最前、最后点，再适当补充一般位置点；多个截平面截切立体时，不要被切口的形状所迷惑，分清有几个截平面形成的切口，然后逐个求解截交线，同时注意连接截平面与截平面之间的交线。

(3)判断可见性并光滑连接。

(4)整理轮廓、检查、加深、完成作图。

3.4.2　例题解析

【例3.6】　已知正六棱柱被截切后的正面投影和侧面投影，求其水平投影，如图3.7(a)所示。

【分析】　由图3.7(a)所示，六棱柱被一正垂面所截切，截交线为一平面多边形，其正面投影积聚成线，棱柱侧面投影具有积聚性。作图过程根据具体情况综合运用线面交点和面面交线法。

【作图步骤】

(1)在正面投影上标出截交线(平面多边形)的顶点的投影 1′(4′)、2′(3′)、6′(5′)，并在侧面投影找出对应的投影 1″、2″、3″、4″、5″、6″，这些点是截平面与棱柱的棱线(或底边)的交点，如图3.7(b)所示。

(2)根据点的正面投影及侧面投影求出水平投影，如图3.7(b)所示。

(3)按顺序用直线段连接各点、并判断可见性，如图3.7(b)所示。

（4）整理轮廓、检查、完成作图，如图 3.7（b）所示。

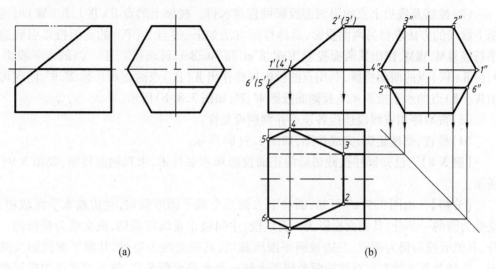

图 3.7　求被截切六棱柱的水平投影

【例 3.7】　已知四棱台被截切后的正面投影，求作四棱台的水平投影和侧面投影，如图 3.8（a）所示。

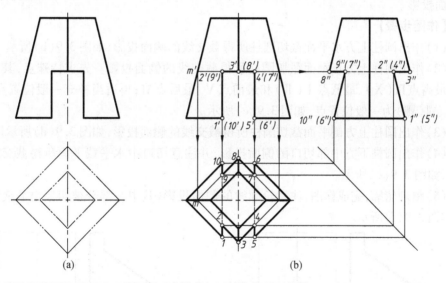

图 3.8　求被截切四棱台的两面投影

【分析】　由图 3.8（a）可知，四棱台被两个侧平面和一个水平面所截切，形成一个方形切口，且三个截平面的正面投影都具有积聚性，其他两面投影运用表面取点的作图方法求得。

【作图步骤】

（1）平面与平面立体所产生的截交线是由直线段构成的，在正面投影中标出各直线段的端点，对于由多个截平面所产生的截交线，这些端点大部分是截平面与原始平面立体的棱线（或底边）的交点，除此之外还有两截平面在棱面上的交点，如点 Ⅱ（Ⅸ）、Ⅳ（Ⅶ），如图 3.8(b)所示。

(2)棱线及底边上点的另两面投影可直接求得。棱面上的点 Ⅱ(Ⅸ)、Ⅳ(Ⅶ)可通过面上取线的方法求得另两面投影,具体作图方法如下:过点 Ⅱ(Ⅸ)的正面投影引底边的平行线 ⅢM、ⅧM,作出其两面投影 3′m′、8′m′ 和 3m、8m,可求得 Ⅱ(Ⅸ)的水平投影 2、9,由 Ⅱ(Ⅸ)点的两面投影,利用点的投影规律作出 Ⅱ(Ⅸ)点的侧面投影 2″、9″;同理可求出 Ⅳ(Ⅶ)点的水平投影 4、7 及侧面投影 4″、7″,如图 3.8(b)所示。

(3)按顺序用直线段连接各顶点并判别可见性。

(4)检查、整理轮廓、完成作图,如图 3.8(b)所示。

【**例 3.8**】 已知圆柱被截切后的正面投影和水平投影,求其侧面投影,如图 3.9(a)所示。

【**分析**】 由图 3.9(a)可知,圆柱上方被三个截平面所截切,左边被水平面截切,截交线为圆的一部分,其侧面投影为一直线段;中间被正垂面所截切,截交线为椭圆的一部分,其侧面投影仍为椭圆;右边被侧平面所截切,其截交线为矩形,其侧平面投影反映实形。圆柱的下方被左右对称的两个侧平面和一个水平面所截切,侧平面截得的矩形截交线在侧面投影反映实形;水平面所得截交线在侧面投影为一直线段。本例题中所有截平面在正面投影均有积聚性,且圆柱水平投影也具有积聚性,故利用投影的积聚性可直接作出侧面投影。

【**作图步骤**】

(1)作出圆柱上方水平面截切圆柱所得截交线的侧面投影,如图 3.9(b)所示。

(2)作出圆柱上方正垂面截切圆柱所得截交线的侧面投影。先求特殊点,其中特殊点有最高点 Ⅸ(Ⅹ)、最低点 Ⅰ(Ⅱ)和最前点 Ⅴ、最后点 Ⅵ;再适当补充一般位置点,点 Ⅲ(Ⅳ)、Ⅶ(Ⅷ)为一般位置点,如图 3.9(c)所示。

(3)作出圆柱上方侧平面截切圆柱所得截交线的侧面投影,如图 3.9(d)所示。

(4)作出圆柱下方中部切口的侧面投影,并注意切口中水平截平面所得截交线的可见性,如图 3.9(e)所示。

(5)整理轮廓,完成作图,注意轮廓线的侧面投影,其中一部分被切掉由截交线所代替,如图 3.9(f)所示。

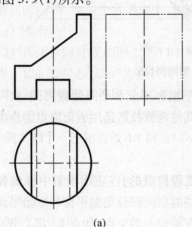

(a)

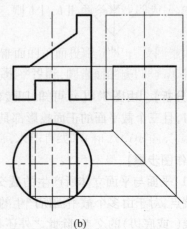

(b)

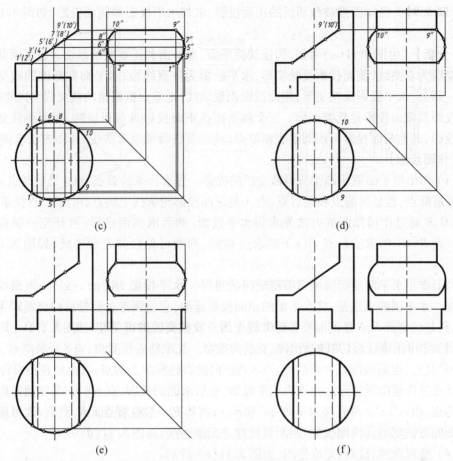

图 3.9   求被截圆柱的侧面投影

如果在图 3.9 所示的圆柱里面有一个圆柱通孔,则产生的截交线与实体产生的截交线类似,截交线的作图方法与例 3.8 一样,只是注意中空的孔里没有截交线,截交线只在实体表面产生,如图 3.10 所示,其中图 3.10(a)为正确答案,图 3.10(b)为作此类题容易犯的错误。

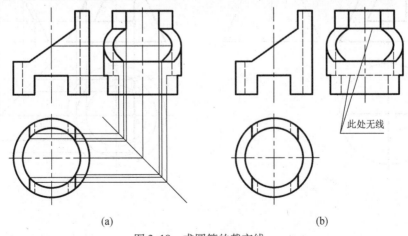

图 3.10   求圆筒的截交线

【例3.9】　已知圆锥被截切后的正面投影,求其水平投影和侧面投影,如图3.11(a)所示。

【分析】　由图3.11(a)可知,圆锥被侧平面、水平面和正垂面所截切。侧平面截圆锥的截交线为双曲线,侧面投影反映实形,水平投影为一直线段;水平面截圆锥的截交线为圆的一部分,水平投影反映实形,侧面投影积聚成线;正垂面截圆锥的截交线为抛物线,其水平投影及侧面投影是其类似形。三个截平面在正面投影具有积聚性,即可得截交线的正面投影,其他两面投影可用圆锥表面取点(辅助圆法及辅助素线法)作图方法求得。

【作图步骤】

(1)作出侧平面截切圆锥所得截交线的投影。先求特殊位置点,点A是最高点,点D、E既是最低点,也是最前点和最后点,点A是正面投影轮廓线上的点,可由a'直接求得a、a'',点D、E通过作辅助圆的方法先求得水平投影,然后求侧面投影;再补充一般位置点$B(C)$,点$B(C)$的求法与点$D(E)$的求法相同,判断可见性并光滑连接,如图3.11(b)所示。

(2)作出水平面截切圆锥所得截交线的投影。水平投影为圆的一部分,侧面投影积聚成线。水平圆的求法是:将水平面的正面投影延伸,它与圆锥正面投影的交线即为圆的直径,只是注意点F、G是侧面投影轮廓线上的点及截交线的可见性,如图3.11(c)所示。

(3)作出正垂面截切圆锥所得截交线的投影。先求特殊位置点,点S是最高点,点H、I既是最低点,也是最前点和最后点,点S是正面投影轮廓线上的点,可由s'直接求得s、s'',点H、I通过作辅助圆的方法先求得水平投影,然后求侧面投影;点$M(N)$是侧面投影轮廓线上的点,由$m'(n')$可直接求得m''、n''和m、n;再补充一般位置点J、K,点$J(K)$可通过作辅助圆的方法求得另两面投影,判断可见性并光滑连接,如图3.11(d)所示。

(4)整理轮廓、检查、完成作图,如图3.11(e)所示。

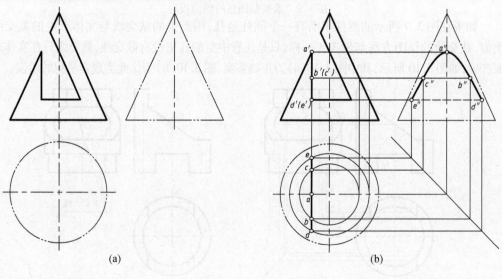

(a)　　　　　　　　　　　　　　　(b)

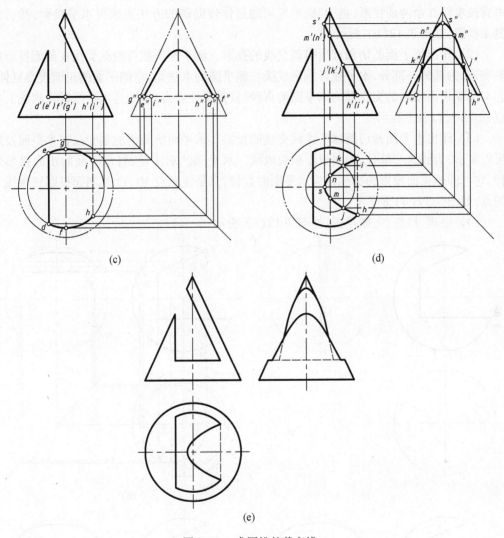

图 3.11   求圆锥的截交线

【例 3.10】   已知圆球体被截切后的正面投影,求其水平投影和侧面投影,如图3.12(a)所示。

【分析】   由图 3.12(a)可知,圆球被正垂面、侧平面和水平面所截切。三个截平面与圆球的截交线均为圆的一部分,只是三个截平面相对投影面的位置不同,截平面平行于投影面,截交线投影反映实形;截平面倾斜于投影面,其截交线投影为椭圆;截平面垂直于投影面,其截交线积聚为一线段。本例题中,所有截平面均垂直于正立投影面,在正面投影具有积聚性,即可知截交线的正面投影,其他两面投影可用圆球表面取点(辅助圆法)作图方法求得。

【作图步骤】

(1)作出正垂面所截切圆球所得截交线的投影。先求特殊位置点,点 A 是最高点,点 F、G 是最低点,点 D、E 是最前点和最后点,点 $B(C)$ 是侧面投影轮廓线上的点,点 A、B、C

可直接求得其余两面投影,点 D、E、F、G 可通过作辅助圆的方法先求得水平投影,然后求侧面投影,如图 3.12(b) 所示。

(2) 作出侧平面截切圆球所得截交线的投影。侧平面所截得的截交线在侧面投影反映实形,为圆的一部分,水平投影积聚成线。侧平圆的求法是:将侧平面的正面投影延伸,它与圆球正面投影的交线即为侧平圆的直径,只是要注意点 $H(I)$ 是水平投影轮廓线上的点,如图 3.12(c) 所示。

(3) 作出水平面截切圆球所得截交线的投影。水平面所截得的截交线在水平面投影反映实形,为圆的一部分,侧面投影积聚成线。水平圆的求法是:将水平面的正面投影延伸,它与圆球正面投影的交线即为水平圆的直径,只是注意点 $M(N)$ 是侧面投影轮廓线上的点,如图 3.12(d) 所示。

(4) 整理、检查、完成作图,如图 3.12(e) 所示。

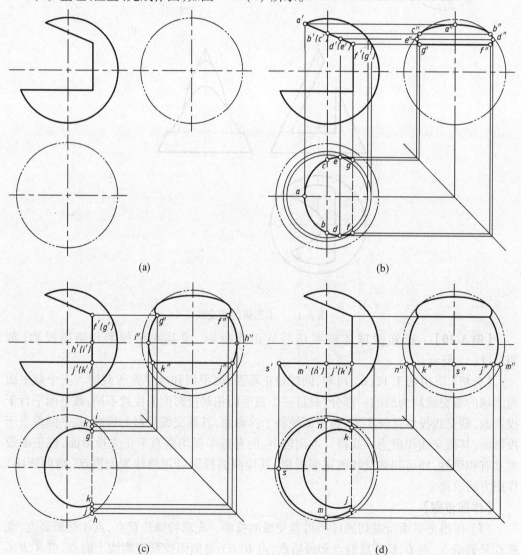

(a)   (b)

(c)   (d)

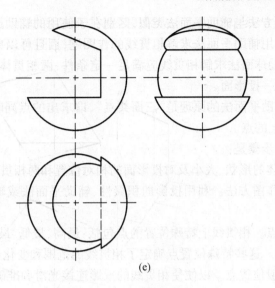

(e)

图 3.12   求圆球的截交线

3.5   曲面立体相交

3.5.1   学习方法

曲面立体相交称为相贯,其表面产生的交线称为相贯线,本节的重点内容是相贯线的分析与求解。

在掌握立体表面取点基础上,要充分了解相贯线的性质、形状及变化趋势,能够根据相贯体的不同采用合适的作图方法求解相贯线。

一般情况下,相贯线是封闭的空间曲线,在某些情况下,空间曲线分解为平面曲线。相贯线是两曲面立体表面的公有线,也是两曲面立体表面的分界线。相贯线上的点是两曲面立体表面的共有点,求相贯线的投影可归结为求相交两曲面立体表面一系列共有点的投影,然后将这些共有点的同面投影依次光滑连接即可。

求相贯线的基本方法是:利用立体投影的积聚性法、辅助平面法和辅助球面法。当两相交的曲面立体中至少有一个立体在某一投影面上的投影具有积聚性时,相当于已知相贯线的一个投影,相贯线的求解转化为表面取点问题,即可根据立体表面取点的作图方法求相贯线的另两面投影,具体内容参见例 3.11 ~ 例 3.14;当两相交曲面立体的投影没有积聚性时,即相贯线的三面投影都是未知时,通常采用辅助平面法求相贯线,有时也采用辅助球面法求相贯线,如例 3.15 ~ 例 3.17。

辅助平面法的作图方法是:在有相贯线的区域内作辅助平面,辅助平面的选取应使与两曲面立体表面的截交线简单易画为原则,然后分别求出辅助平面与两曲面立体表面的截交线,两截交线的交点即为两曲面立体相贯线上的点。

　　辅助球面法作图方法与辅助平面法类似,区别在于使用的辅助面不同。辅助球面法可以解决一些不宜采用辅助平面法求解相贯线的作图题,而且可以单独在一个投影图上完成作图,但采用辅助球面法求解相贯线应满足一定条件:两相贯体必须是回转体、轴线相交且同时平行于同一投影面。

　　辅助球面法和辅助平面法的原理是"三面共点",即求出的点同时在两曲面立体的表面上,也就是相贯线上的点。

　　求相贯线的一般步骤是:

　　(1)分析两相贯体的形状、大小及对投影面的相对位置和两相贯体之间的相对位置。

　　(2)确定适当的作图方法。利用投影的积聚性、辅助平面法或辅助球面法来求相贯线上的点。

　　(3)求特殊位置点。相贯线上特殊位置的点包括:最高、最低、最前、最后、最左、最右和投影轮廓线上的点。这些特殊位置点确定了相贯线的范围和变化趋势。

　　(4)适当补充一般位置点。以便使相贯线的投影连接光滑和准确。

　　(5)判别相贯线投影的可见性。判别的原则是:同时位于两相贯体可见表面的相贯线的投影为可见的。

　　(6)依次光滑连接各点的同面投影,可见的连成粗实线,不可见的连成细虚线。

　　(7)整理两相贯体投影轮廓线。要对两相贯体投影重叠部分的轮廓线进行分析,有的因形体相贯而消失,有的被遮挡而成为细虚线。

3.5.2　例题解析

【例3.11】　已知两圆柱相贯,求其相贯线的投影,如图3.13(a)所示。

【分析】　由图3.13(a)可知,圆柱甲轴线垂直于水平投影面,其水平投影有积聚性;圆柱乙轴线垂直于侧立投影面,其侧面投影有积聚性,故相贯线的两个投影是已知的。可根据点的投影规律,作出相贯线上一系列点的正面投影。

【作图步骤】

　　(1)求特殊位置点。从水平投影和侧面投影可知,Ⅰ、Ⅱ是最左、最右点,也是最高点;Ⅲ、Ⅳ是最前、最后点,也是最低点,可直接求得,如图3.13(b)所示。

　　(2)适当补充一般位置点。在相贯线的水平投影上任取一点5,根据投影规律作出5″,再由5和5″求得5′。同样,可求得一系列一般位置点,如图3.13(c)所示。

　　(3)判断可见性并按顺序光滑连接各点。由于相贯线对称于过两圆柱轴线的正平面,故其正面投影前后重合,如图3.13(c)所示。

　　(4)整理轮廓,如图3.13(d)所示。

　　如果在圆柱乙上钻孔,就产生了圆柱表面与圆柱孔表面的相贯线,如图3.14(a)所示。这时,相贯线可以看成是图3.13中甲、乙两圆柱相贯后,抽去圆柱甲而形成的。因此,相贯线的形状和画法与图3.13所示的完全相同。由于钻孔是在圆柱的内部,故其正面投影和侧面投影的轮廓线是不可见的,画成虚线。

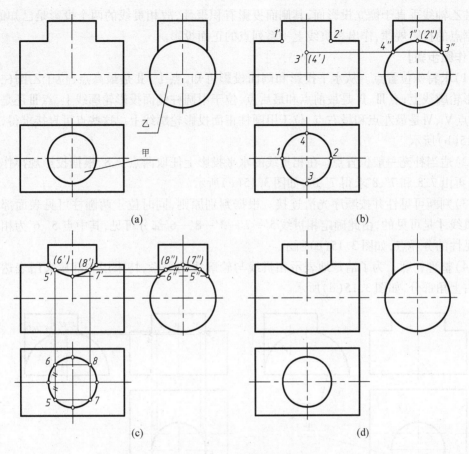

图 3.13　正交两圆柱相贯线

图 3.14(b)所示是在圆柱筒上钻孔,于是产生了圆柱筒内、外表面与圆柱孔的相贯线。其相贯线的作法也与图 3.13 所示的方法相同。此时,内表面上的相贯线为虚线。

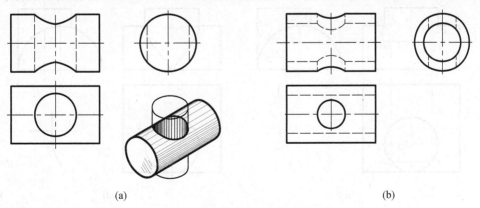

图 3.14　圆柱体钻孔的相贯线

【例 3.12】　已知两圆柱相贯,求其相贯线的投影,如图 3.15(a)所示。

【分析】　由图 3.15(a)可知,圆柱甲轴线垂直于水平投影面,其水平投影有积聚性;

半圆柱乙轴线垂直于侧立投影面,其侧面投影有积聚性,故相贯线的两个投影是已知的。可根据点的投影规律,作出相贯线上一系列点的正面投影。

【作图步骤】

(1)求特殊位置点。从水平投影和侧面投影可知,点Ⅰ、Ⅱ是最高点,位于乙圆柱正面投影轮廓线上;点Ⅲ、Ⅳ是最前点和最后点,位于甲圆柱侧面投影轮廓线上,点Ⅲ还是最低点;点Ⅴ、Ⅵ是最左点和最右点,位于甲圆柱正面投影轮廓线上。这些点可直接求得,如图3.15(b)所示。

(2)适当补充一般位置点。在相贯线的水平投影上任取两点7、8,根据投影规律作出7″、8″,再由7、8和7″、8″求得7′、8′,如图3.15(c)所示。

(3)判断可见性并按顺序光滑连接。根据判别原则,同时位于两圆柱可见表面部分的相贯线才是可见的,由此确定相贯线5′—7′—3′—8′—6′部分可见,其中点5′、6′为相贯线可见性的分界点,如图3.15(c)所示。

(4)整理轮廓。为了清楚地表示相贯线与轮廓线的关系,特采用局部放大图表达相贯线右上角部分,如图3.15(d)所示。

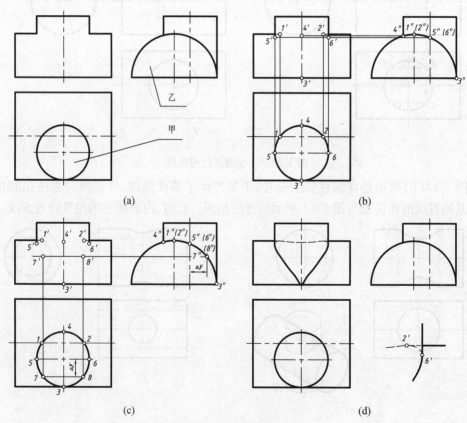

图3.15 偏交两圆柱相贯线

说明 本例题与例3.11不同,在本例题中轮廓线正面投影的交点并不是相贯线上的点。从水平投影及侧面投影可以看出,两圆柱正面投影轮廓线并没有相交,投影交点只是重影点,因此轮廓线正面投影的交点不是相贯线上的点。

【**例 3.13**】 已知圆柱相贯体,求其侧面投影,如图 3.16(a)所示。

【**分析**】 由图 3.16(a)可知,两圆柱轴线平行相贯,同时又被一轴线正垂的圆柱孔相贯。圆柱孔与左边小圆柱偏交,与右边大圆柱正交。圆柱体在相应的投影面上具有积聚性,可利用投影积聚性求相贯线。本例题为三体相贯,作题时要分清相贯线是由哪两个圆柱表面产生的,并注意各表面相贯线的起止。

【**作图步骤**】

(1)作出圆柱相贯体的原始轮廓的侧面投影,如图 3.16(b)所示。

(2)作出圆柱孔与左边小圆柱相贯线的投影。求特殊位置点。从水平投影和侧面投影可知,点Ⅰ、Ⅱ是最左点,位于小圆柱侧面投影轮廓线上;点Ⅲ、Ⅳ是最高点;点Ⅴ、Ⅵ是最低点,这些点可直接求得。点Ⅲ、Ⅳ、Ⅴ、Ⅵ在小圆柱与大圆柱表面的交线上,也是圆柱孔与小圆柱、大圆柱相贯线的分界点,如图 3.16(b)所示。

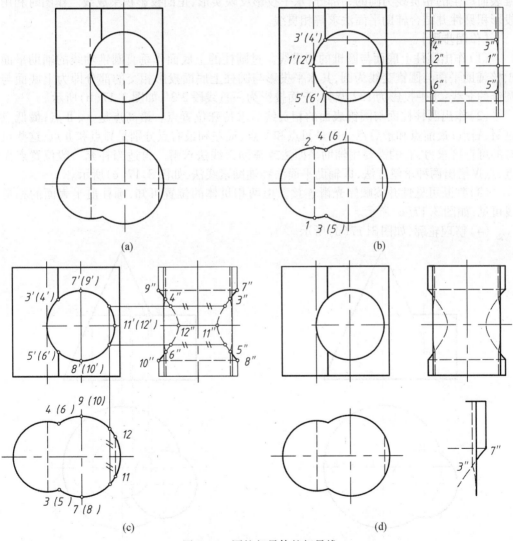

(a) (b) (c) (d)

图 3.16　圆柱相贯体的相贯线

（3）作出圆柱孔与右边大圆柱相贯线的投影。求特殊位置点。点Ⅶ、Ⅸ是最高点，点Ⅷ、Ⅹ是最低点，点Ⅺ、Ⅻ是最右点，这些点可直接求得；再适当补充一般位置点，作图过程与例3.12相同，如图3.16(c)所示。

（4）判断可见性并按顺序光滑连接。根据判别原则，同时位于圆柱体可见表面部分的相贯线才是可见的。小圆柱与孔的相贯线在小圆柱的右半表面不可见，大圆柱左半表面与孔的相贯线被小圆柱遮挡住一部分，只有一部分可见，如图3.16(c)所示。

（5）整理轮廓。为了清楚地表示相贯线与轮廓线的关系，采用局部放大图表达相贯线右上角部分，如图3.16(d)所示。

【例3.14】 已知圆柱和圆锥相贯，求其正面投影和水平投影，如图3.17(a)所示。

【分析】 由图3.17(a)可知，圆柱与圆锥轴线平行相贯，圆柱水平投影具有积聚性，因此圆柱的柱面部分与圆锥表面产生的相贯线水平投影重影在圆周上；圆柱上底面与圆锥表面产生的相贯线为圆的一部分，水平投影反映实形，正面投影积聚成线。作图时利用投影积聚性并结合辅助平面法求解相贯线。

【作图步骤】

（1）作出圆柱上底面与圆锥的相贯线。过圆柱的上底面作垂直圆锥轴线的辅助平面P，该辅助平面与圆锥交线为圆，其水平投影与圆柱上底面投影相交的部分即为上底面与圆锥的交线；水平投影为132圆弧，正面投影为一直线段$2'3'$，如图3.17(b)所示。

（2）作出圆柱柱面与圆锥表面的相贯线。求特殊位置点。最高点是Ⅰ、Ⅱ点；最低点是Ⅵ、Ⅶ点；最前点和最后点分别是Ⅵ点和Ⅴ点；最左和最右点分别是Ⅷ点和Ⅱ点；这些点有的可直接求得，有的需要用辅助平面法或辅助素线法求解。再适当补充一般位置点Ⅳ点，点Ⅳ给出两种求解方法，即辅助平面法和辅助素线法，如图3.17(c)所示。

（3）判断可见性并按顺序光滑连接。由两相贯体的位置可知，圆柱前半表面的相贯线可见，如图3.17(c)所示。

（4）整理轮廓，如图3.17(d)所示。

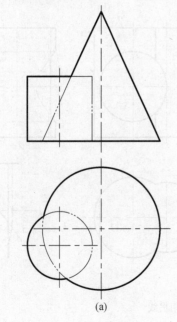

(a)

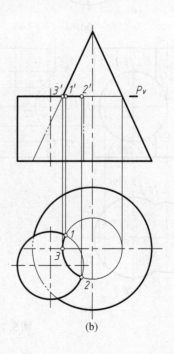

(b)

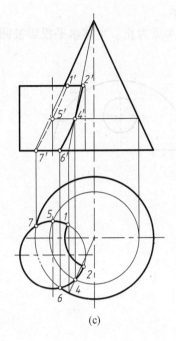
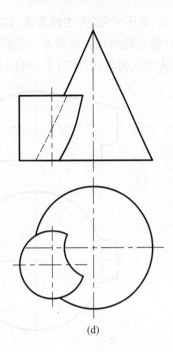

图 3.17　圆柱与圆锥相贯

说明　本例较有难度的地方是如何判断圆柱的上底面与圆锥有没有交线。如果圆柱与圆锥相贯体的对称面平行投影面,则圆柱上底面与圆锥有没有相交很好判断。在本例中圆柱与圆锥相贯体的对称面不平行投影面,判断圆柱上底面与圆锥有没有交线的具体方法是:过圆柱上底面作垂直圆锥轴线的辅助平面,辅助平面与圆锥的截交线是圆,若该圆与圆柱上底面圆相交或该圆在圆柱上底面圆的里边,则说明圆柱上底面与圆锥相交;若该圆在圆柱上底面圆外边,两圆没有相交,则说明圆柱上底面与圆锥没有相交。

【例 3.15】　已知圆台和半球相贯,求其相贯线,如图 3.18(a)所示。

【分析】　由图 3.18(a)可知,圆台与半球的公共对称面是正平面,故相贯线为前后对称的封闭空间曲线。因圆台和半球的投影均无积聚性,故相贯线的三个投影均需求出,使用辅助平面法求相贯线。作图时可采用侧平面及过锥顶的水平面作为辅助平面。

【作图步骤】

(1)求特殊位置点。因两相贯形体的公共对称面为正平面,所以它们正面投影轮廓线的交点 $1'$、$2'$ 是相贯线上最高点和最低点,也是最右点和最左点,其 1、2 和 $1''$、$2''$ 可以直接求得。

过圆台轴线作水平面 P,可求得圆台水平投影轮廓线上点 Ⅲ(3、$3'$、$3''$)和 Ⅳ(4、$4'$、$4''$),点 Ⅲ、Ⅳ 是最前点和最后点。

(2)适当补充一般位置点。在适当位置作侧平辅助面 Q,求得点 Ⅴ、Ⅵ 的各投影。根据需要,可以求得足够的一般位置点。

(3)判别可见性并光滑连接。相贯线的正面投影前后重合为可见的。侧面投影也全都可见。水平投影中,3—5—1—6—4 在圆台的上半部,是可见的,连成实线;其余在圆台的下半部,是不可见的,连成虚线,如图3.18(b)所示。

(4)整理轮廓线。圆台水平投影轮廓线画到3、4点为止。半球水平投影被圆台遮挡部分的轮廓线为虚线,如图3.18(b)所示。

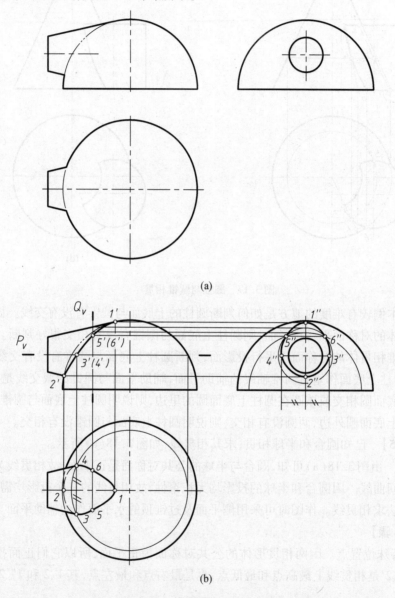

(a)

(b)

图3.18 圆台与半球相贯

【例3.16】 已知圆柱和圆锥相贯,求其相贯线,如图3.19(a)所示。

【分析】 由图3.19(a)可知,圆柱与圆锥的轴线倾斜相交,其对称面平行正立投影面,可使用辅助球面法求相贯线。

【作图步骤】

(1)由两圆柱与圆锥的相对位置可知,正面投影轮廓线的交点Ⅰ(最大辅助球S_1)、Ⅱ

为最高点、最低点。作最小辅助球,该球面的正面投影为圆 S_2,球面与圆柱和圆锥的交线为圆,正面投影为 c_1' 和 c_2',其交点Ⅲ、Ⅳ即为相贯线上点。

使用辅助球面法时,辅助球面的最大半径为球心与相交两回转体轮廓线的交点最远点之间的距离,本例中,最大辅助球半径为 $o'1'$;辅助球面的最小半径是两回转体内切球中较大的球面半径,本例题中最小辅助球半径为 $o'k'$,如图 3.19(b)所示。

(2)补充一般位置点。改变辅助球面的半径,作辅助球面 S_3,S_3 与圆锥产生两条交线(圆),与圆柱产生一条交线(圆),其交点即为相贯线上的点,可得一般点Ⅴ、Ⅵ、Ⅶ、Ⅷ点,如图 3.19(c)所示。

(3)判断可见性并按顺序光滑连接各点,如图 3.19(d)所示。

欲作相贯线的水平投影和侧面投影,可根据相贯线同属于两立体表面的性质,用立体表面取点的方法求出,作图过程从略。

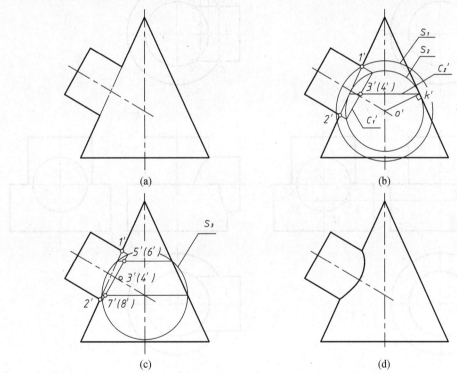

图 3.19　辅助球面法求相贯

【例 3.17】　已知圆柱相贯体,如图 3.20(a)所示,求其正面投影。

【分析】　由图 3.20(a)可知,本例题为复合相贯,甲圆柱同时与乙、丙两个圆柱相贯。作题时要分清甲圆柱与乙、丙圆柱哪部分表面相交,产生怎样的交线。本例题中甲圆柱与乙圆柱柱面部分相交,相贯线为空间曲线;与丙圆柱上底面和柱面相交,交线分别为直线和空间曲线。

【作图步骤】

(1)作出甲圆柱与乙圆柱相贯线的正面投影,如图 3.20(b)所示。

（2）作出甲圆柱与丙圆柱上底面交线的正面投影，其交线为直线Ⅳ Ⅵ、Ⅴ Ⅶ，如图3.20（b）所示。

（3）作出甲圆柱与丙圆柱柱面相贯线的正面投影，如图3.20（c）所示。

（4）判断可见性并按顺序光滑连接，如图3.20（d）所示。

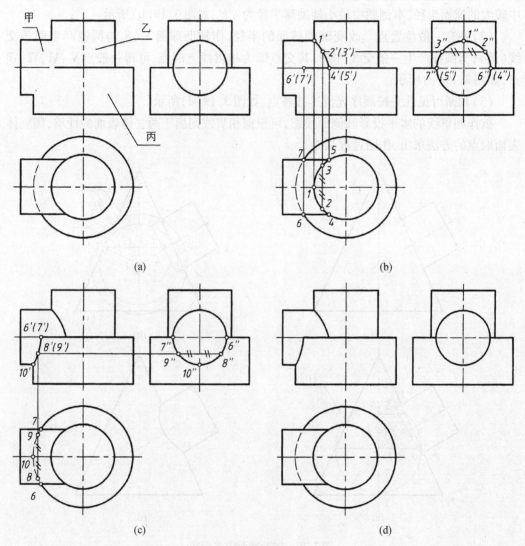

图3.20　复合相贯

3.6　自测习题

题3.1　已知四棱柱的正面投影及水平投影，作出其侧面投影及表面上的点所缺的投影（题图3.1）。

题3.2　已知三棱锥被截切后的正面投影,作出其水平投影及侧面投影(题图3.2)。

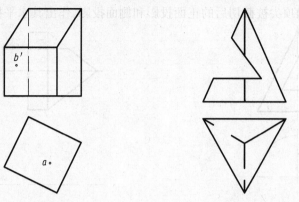

题图 3.1　　　　题图 3.2

题3.3　已知三棱柱被截切后的正面投影及水平投影,作出其侧面投影(题图3.3)。

题3.4　已知六棱柱被截切后的正面投影和水平投影,作出其侧面投影(题图3.4)。

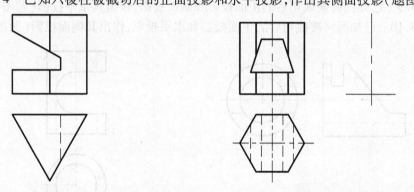

题图 3.3　　　　题图 3.4

题3.5　已知圆柱被截切后的正面投影和水平投影,作出其侧面投影(题图3.5)。

题3.6　已知圆柱被截切后的正面投影和水平投影,作出其侧面投影(题图3.6)。

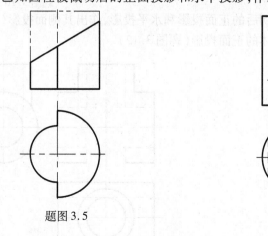

题图 3.5　　　　题图 3.6

题 3.7　已知圆锥被截切后的正面投影,作出其水平投影及侧面投影(题图 3.7)。

题 3.8　已知顶尖被截切后的正面投影和侧面投影,作出其水平投影(题图 3.8)。

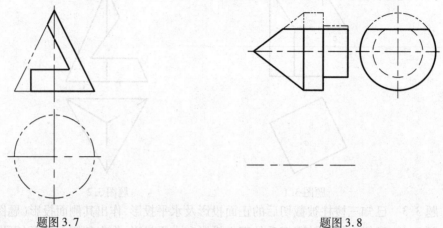

题图 3.7　　　　　　　　　　　　　　　题图 3.8

题 3.9　已知圆筒被截切后的正面投影和侧面投影,作出其水平投影(题图 3.9)。

题 3.10　已知圆筒被截切后的正面投影和水平投影,作出其侧面投影(题图 3.10)。

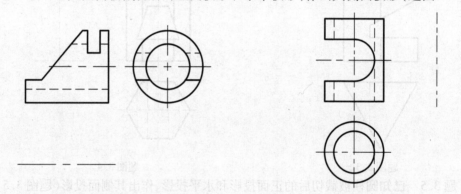

题图 3.9　　　　　　　　　　　　　　　题图 3.10

题 3.11　已知圆筒被截切后的正面投影和水平投影,作出其侧面投影(题图 3.11)。

题 3.12　补画圆柱相贯体的正面投影(题图 3.12)。

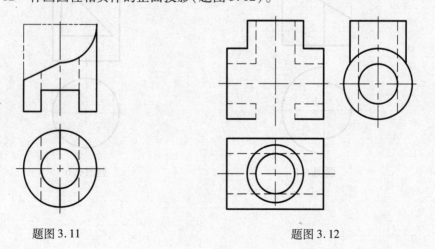

题图 3.11　　　　　　　　　　　　　　题图 3.12

题 3.13　已知圆柱与圆锥相贯,作出其正面投影和水平投影(题图 3.13)。

题 3.14　已知圆柱和半球相贯,作出其正面投影和水平投影(题图 3.14)。

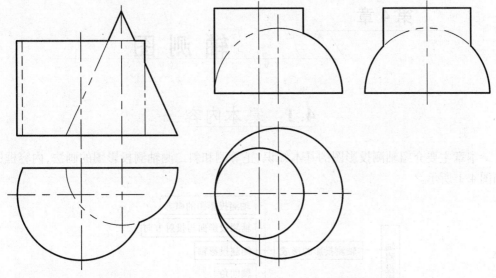

题图 3.13　　　　　　　　　　　题图 3.14

题 3.15　已知圆柱与半球相贯,作出其正面投影和水平投影(题图 3.15)。

题 3.16　已知圆柱相贯体,完成其正面投影(题图 3.16)。

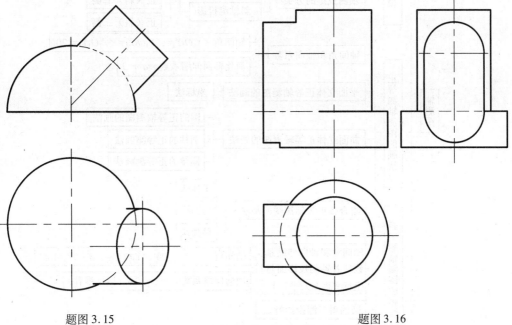

题图 3.15　　　　　　　　　　　题图 3.16

第4章

轴 测 图

4.1 基本内容

本章主要介绍轴测投影图的基本知识、正等测和斜二测轴测投影图的画法,内容框图如图 4.1 所示。

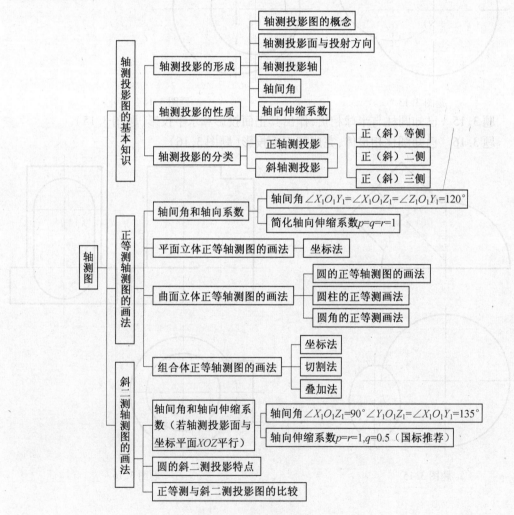

图 4.1 基本内容框图

4.2 重点与难点

(1)重点:正等测和斜二测轴测图的画法。

(2)难点:组合体(含有曲面立体)的正等测轴测图的画法。

4.3 学习要点

轴测图是利用平行投影法获得的单面投影图。它在一个投影面上能够反映物体长、宽、高三个方向的形状,立体感强,但是它存在变形、度量性差、画图费时等缺点,所以工程上将其作为辅助图样,用于表达机器的外形、产品样本或说明书的插图以及工程设计和生产过程中设计方案的表达、技术交流等。工程中常用的轴测图是正等轴测图和斜二测轴测图。本章学习中应注意如下几个问题:

(1)轴间角和轴向伸缩系数。轴间角和轴向伸缩系数是轴测图的两个重要要素,画轴测图时,首先要明确所画轴测图的轴间角和轴向伸缩系数。

(2)投影方向的选择。轴测图的投影方向应选择最能反映物体形状特征和相对位置的方向作为投影方向;若已知物体的投影图画轴测图,则主视图的投影方向往往可作为轴测图的投影方向。

(3)坐标原点的选择和坐标轴的建立。坐标原点和坐标轴的选择应使作图尽量简便快捷,减少多余的图线,根据投影方向,先画挡不住的表面(例如先画物体的上、前、左表面),因此,坐标原点一般选择在物体的上表面或前表面或左表面上,若物体对称,原点最好选择在对称中心上;坐标轴通常选择与物体的主要轮廓线、轴线或对称中心线重合,以便于度量和简化作图,具体内容参见例 4.1 ~ 例 4.5。

(4)轴测图具有平行投影的一切性质。轴测图采用平行投影法,根据平行投影法的平行性和等比性,画轴测图时,物体上相互平行的线段,其轴测投影仍相互平行;物体上与坐标轴平行的线段,其轴测投影必平行于相应的轴测轴,且与该轴具有相同的轴向伸缩系数。

(5)轴测图种类的选择。当物体上只有在一个坐标平面上或与一个坐标面平行的平面上有圆或圆弧时,画斜二测轴测图较为方便;如果物体在两个或三个坐标面上或与两个或三个坐标面平行的平面上都有圆或圆弧时,则画正等测轴测图更为简便,具体内容参见例 4.3 ~ 例 4.5。

(6)画圆的正等测。通常采用菱形法(即用四段不同心的圆弧近似代替椭圆,也称为四心圆弧法),为了简化作图,可以不作出菱形,而只定出两段大圆弧的圆心及四个切点即可,通常称其为"六点法"。

现以 XOY 坐标平面内的圆(图 4.2(a))为例介绍"六点法"的画法,如图 4.2(b)所示,以圆的半径为半径,以 O_1 为圆心画圆,该圆与轴测轴相交于六点,其中与圆所在的坐标平面 XOY 内的坐标轴的轴测轴(X_1、Y_1)的交点 A_1、B_1、C_1、D_1 为四个切点,与不在圆所在的坐标平面内的坐标轴的轴测轴(Z_1)的交点 1、2 为两段大圆弧的圆心,大圆弧的圆心到对边切点连线的两个交点(3、4点)为两段小圆弧的圆心,然后分别以大圆弧的圆心(1、2点)为圆心,以其到对边切点的距离($1A_1$或$1B_1$、$2C_1$或$2D_1$)为半径,画出两段大圆弧($\overparen{A_1B_1}$、$\overparen{C_1D_1}$),再分别以小圆弧的圆心(3、4点)为圆心,以其到切点的距离($3A_1$或$3D_1$、$4B_1$或$4C_1$)为半径,画出两段小圆弧($\overparen{A_1D_1}$、$\overparen{B_1C_1}$)。由此可见,椭圆的短轴与大圆弧圆心的连线重合,椭圆的长轴与小圆弧圆心的连线重合。此种方法可以推广到画YOZ和XOZ坐标平面以及平行于坐标平面上圆的正等测,如图4.2(c)所示,具体内容参见例4.3。

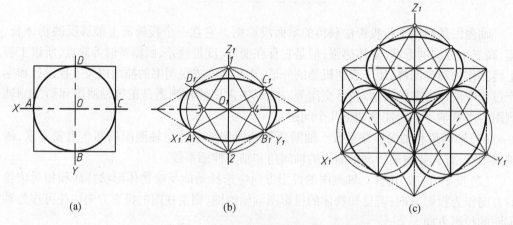

图4.2　用六点法画圆的正等测轴测图

(7)画轴测图的方法。画物体的轴测图时,应对其进行形体分析,根据物体的结构特点,采用坐标法、切割法、叠加法或几种方法的综合。

4.4　例题解析

【例4.1】　画出图4.3所示截头五棱锥的正等测轴测图。

【分析】　五棱锥的表面由各种位置平面围成,平面由棱线围成,而棱线是由两端点确定的,因此,采用坐标法作图。首先画出锥顶和底面各顶点的轴测投影,连接顶点和底面各顶点的轴测投影,即得各棱线的轴测投影,然后根据截平面各端点的位置作出其轴测投影。

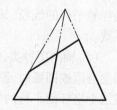

【作图步骤】

(1)在投影图上选定坐标原点,建立直角坐标系,从而确定了各顶点A、B、C、D、E及截交线端点F、G、H、M、N的坐标,如图4.4(a)所示。

(2)画轴测轴,根据各点的坐标作出各点的轴测投影。

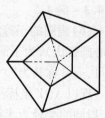

注意　由于五棱锥前后对称,原点O选在底面的中心上,因此B与E、C与D、G与N、H与M分别是前后对称的,可根据它们的X坐标,分别作Y_1轴的平行线,在平行线上前后对称分别量取其Y坐标

图4.3　截头五棱锥

值求出其次投影,过相应的次投影作 O_1Z_1 轴的平行线求得其轴测投影,这样作图比逐点根据坐标求轴测投影简便,如图 4.4(b)、(c) 所示。

(3) 擦去多余的作图线,描深可见轮廓的轴测投影,完成全图,如图 4.4(d) 所示。

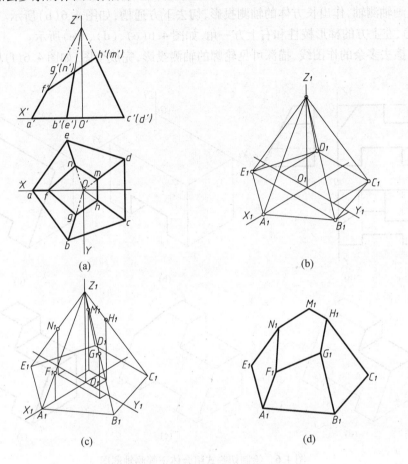

图 4.4 绘制截头五棱锥正等测轴测图

【常见错误】

在作轴测图时,不同方向的线段轴向伸缩系数是不同的,正等测只有与 X、Y、Z 轴平行的线段其轴向伸缩系数才等于 1,才能沿着轴测轴方向直接量取,例如 F、G、H、M、N 点的轴测投影,必须根据坐标按图 4.4(c) 所示求得,不能分别量取 $A_1F_1 = a'f'$,$B_1G_1 = b'g'$,$E_1N_1 = e'n'$ 而求得 F_1、G_1、N_1。

【例 4.2】 画出图 4.5 所示物体的正等测轴测图。

【分析】 由图 4.5 可知,该物体是切割式组合体,可看作由长方体在下方挖去一通槽(四棱柱),前方由一侧垂面切去一角,左上方切去一梯形棱柱,右上方由正垂面切去一角。因此,可采用切割法作图。

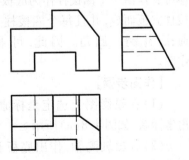

图 4.5 切割式组合体

【作图步骤】

（1）在投影图上选定坐标原点，建立直角坐标系（注意：坐标原点建立在上表面上可以减少绘制一些不必要的图线），如图4.6(a)所示。

（2）画轴测轴，作出长方体的轴测投影，切去下方通槽，如图4.6(b)所示。依次切去前方一角、左上方的梯形棱柱和右上方一角，如图4.6(c)、(d)、(e)所示。

（3）擦去多余的作图线，描深可见轮廓的轴测投影，完成全图，如图4.6(f)所示。

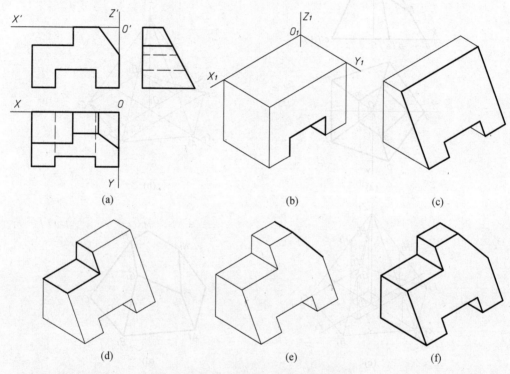

图4.6　绘制切割式组合体正等测轴测图

【例4.3】　画出图4.7所示的叠加式组合体正等测轴测图。

【分析】　由图4.7可知，该叠加式组合体可看作由一个四棱柱作为底板叠加两块四棱柱立板而成，并且每个四棱柱上各挖去一通孔，并倒一圆角。因此，可采用叠加法作图。

【作图步骤】

（1）在投影图上选定坐标原点，建立直角坐标系，如图4.8(a)所示。

（2）画出轴测轴，作出底板和立板的轴测投影，如图4.8(b)、(c)所示。

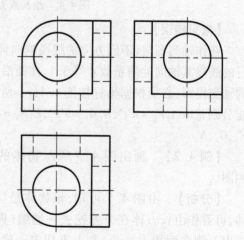

图4.7　叠加式组合体

（3）作出底板和立板上的通孔并倒圆角，如图 4.8（d）、（e）所示。

（4）擦去多余的作图线，描深可见轮廓的投影，完成全图，如图 4.8（f）所示。

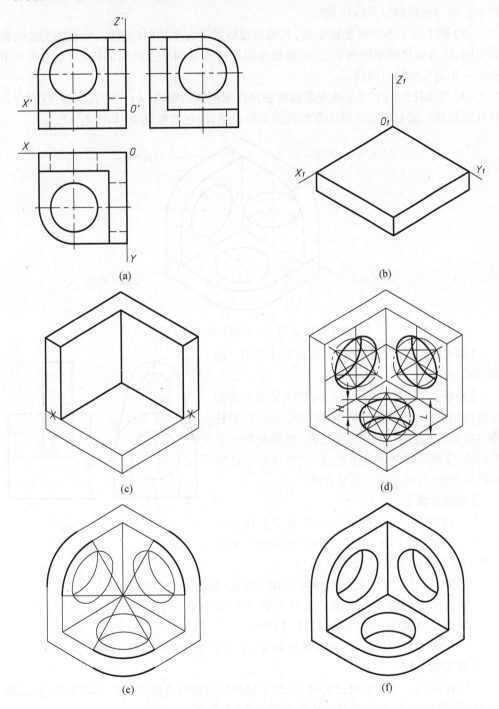

图 4.8　绘制叠加式组合体正等测轴测图

【常见错误】

（1）采用叠加法作图时，若形体表面之间共面时，应将形体间的分界线去除，如图4.9所示立板与底板的分界线应擦除。

（2）圆平行于不同的坐标平面，其轴测投影都是大小相同的椭圆，但椭圆的长短轴方向不同，应根据作图原理判别，正确地找出四个切点和两个大圆弧的圆心，如图4.9中立板上一孔的长短轴方向错误。

（3）当圆柱孔的上或前或左表面的轴测投影椭圆的短轴（L）大于孔的深度（H）时，圆柱孔的底或后或右表面的轴测投影椭圆部分可见，注意避免漏线，如图4.9所示。

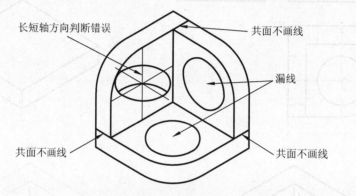

图4.9　绘制正等测轴测图的常见错误

【例4.4】 画出图4.10所示组合体的斜二测轴测图。

【分析】 由图4.10可知，该物体是既有叠加又有切割的综合式组合体，可看作由一个U形柱体由前至后挖去U形槽和圆柱孔，然后叠加一立板而成，立板的两侧面是正垂面，分别与U形柱体的圆柱面相切，可采用叠加法作图。

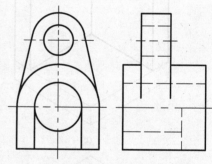

图4.10　组合体

【作图步骤】

（1）在投影图上选定坐标原点，建立直角坐标系（注意：坐标原点建立在前表面上可以减少绘制一些不必要的图线），如图4.11（a）所示。

（2）画轴测轴，作出U形柱体并挖切圆柱孔，如图4.11（b）所示。

（3）在U形柱体上作出挖切的U形槽，如图4.11（c）所示。

（4）画出叠加的立板，如图4.11（d）所示。

（5）擦去多余的作图线，描深可见轮廓，完成全图，如图4.11（e）所示。

【常见错误】

（1）采用斜二测画轴测投影时，注意Y轴的轴向伸缩系数为0.5，往往画圆柱面，确定各面中圆的圆心时，很容易直接从投影图上1：1量取。

（2）画圆柱面的轴测投影，作出两端面上的圆后，应作出两者的公切线，表示圆柱的轮廓线。

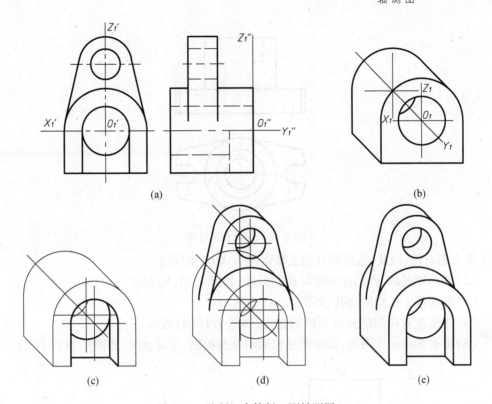

图 4.11 绘制组合体斜二测轴测图

（3）注意不要漏画各孔底部的圆。

（4）表面相切不画线，如图 4.12 所示。

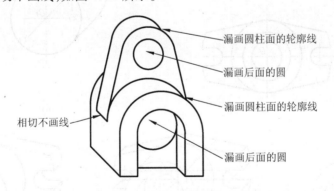

图 4.12 绘制组合体斜二测轴测图的常见错误

【例 4.5】 画出图 4.13 所示组合体的斜二测轴测图。

【分析】 由图 4.13 可知，该物体可看作由一个挖切阶梯孔的圆柱，前后、左右对称叠加在一底板上，底板上分别左右对称挖去一 U 形槽，底板的前后面是铅垂面，并且分别与圆柱面相切。因此，它是既有叠加又有切割的综合式组合体，可采用叠加法作图。

【作图步骤】

（1）在投影图上选定坐标原点，建立直角坐标系（注意：坐标原点建立在上表面上可以减少绘制一些不必要的图线），如图 4.14（a）所示，由于组合体在与圆柱轴线垂直的多

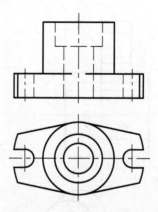

图 4.13　综合式组合体

个平面上都有圆,因此,选择圆柱的上表面作为 *XOZ* 坐标面。

　　(2)画出轴测轴,作出挖切阶梯孔的圆柱,如图 4.14(b)所示。

　　(3)在圆柱上挖切阶梯孔,如图 4.14(c)所示。

　　(4)作出左右两侧挖去 U 形槽的底板,如图 4.14(d)所示。

　　(5)擦去多余的作图线,描深可见轮廓的轴测投影,完成全图,如图 4.14(e)所示。

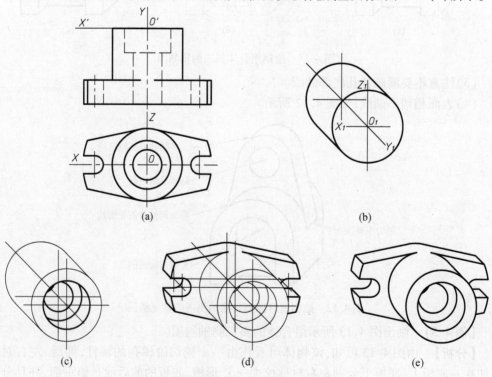

图 4.14　绘制综合式组合体斜二测轴测图

4.5   自测习题

题 4.1   绘制组合体的正等测轴测图(题图 4.1)。

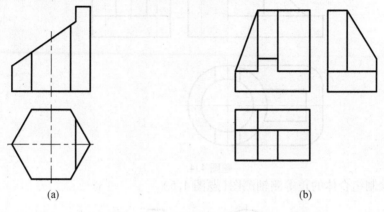

题图 4.1

题 4.2   绘制组合体的正等测轴测图(题图 4.2)。

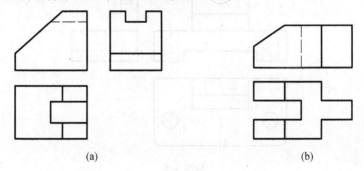

题图 4.2

题 4.3   绘制组合体的正等测轴测图(题图 4.3)。

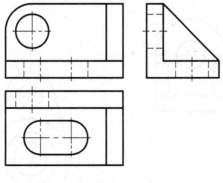

题图 4.3

题4.4　绘制组合体的正等测轴测图(题图4.4)。

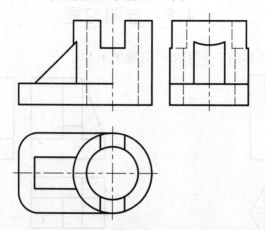

题图4.4

题4.5　绘制组合体的正等测轴测图(题图4.5)。

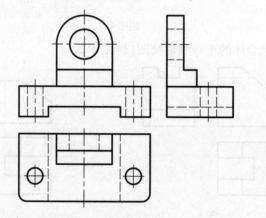

题图4.5

题4.6　绘制组合体的正等测轴测图(题图4.6)。

题4.7　绘制组合体的斜二测轴测图(题图4.7)。

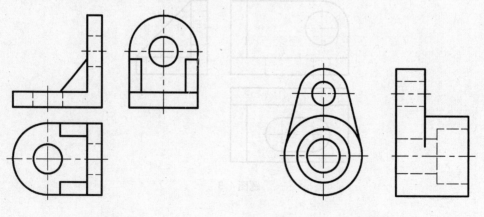

题图4.6　　　　　　　　　　　题图4.7

题 4.8　绘制组合体的斜二测轴测图(题图 4.8)。

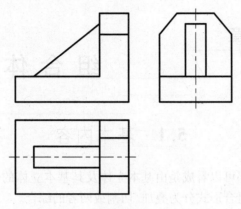

题图 4.8

题 4.9　绘制组合体的斜二测轴测图(题图 4.9)。

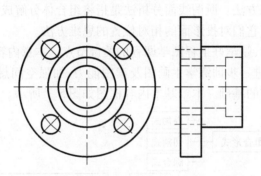

题图 4.9

题 4.10　绘制组合体的斜二测轴测图(题图 4.10)。

题 4.11　绘制组合体的斜二测轴测图(题图 4.11)。

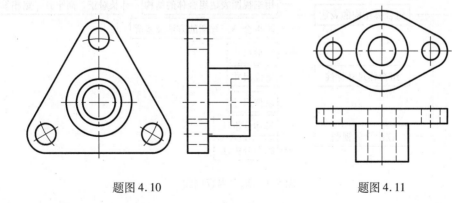

题图 4.10　　　　　　　　　　　　　题图 4.11

第5章

组 合 体

5.1 基本内容

任何复杂的形体,都可以看成是由基本立体及其基本立体的变形体按照一定的规律组合而成的组合体,其组合形式分为叠加、切割或两者的综合。

形体分析法与线面分析法是学习本章内容的基本方法。所谓形体分析法,是假想将组合体分解成若干基本形体,确定其形状及组合形式,并分析各基本形体之间的相对位置及表面位置关系的思维方法。所谓线面分析法是指将组合体分解成若干线、面,并确定它们之间的相对位置以及它们对投影面的相对位置的思维方法。

本章内容承前启后,是学好工程图学课程的关键节点。本章内容在前述点、线、面、基本立体的内容基础上,进一步训练学生画图及读图能力,加强空间想象能力的培养,为后续内容的学习奠定坚实的基础。本章基本内容框图如图 5.1 所示。

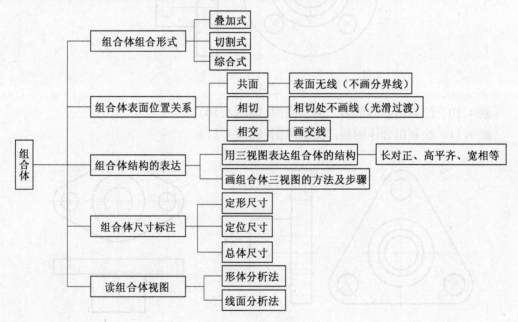

图 5.1　基本内容框图

5.2　重点与难点

（1）读组合体视图。
（2）组合体尺寸标注。

5.3　组合体视图的画法

5.3.1　学习方法

要画好组合体三视图，必须掌握点、线、面及基本形体三视图的画法，同时应当熟练掌握截交线及相贯线的作图方法。三视图之间要遵循"长对正、高平齐、宽相等"的投影规律。

画组合体三视图的方法和步骤：

1. 进行形体分析

用形体分析法把组合体分解成为若干基本形体，确定它们的组合形式以及相邻表面间的相对位置。

2. 确定主视图

主视图投影方向选择的原则：能最大程度地反映组合体的形体特征及其基本形体的相对位置，并能减少俯、左视图上的虚线。

3. 选比例、确定图幅

画图时，尽可能采用 1∶1 的比例。按选定的比例，根据组合体的长、宽、高计算出三个视图所占面积，并在各视图之间留出标注尺寸的位置，据此选用合适的标准图幅。

4. 布置图面、画出作图基准线

在图纸的合适位置画出作图基准线。作图基准线一般用细实线或细点画线绘制。常用对称中心线、轴线和较大平面的投影积聚线作为作图基准线。

5. 打底稿、逐个画出各形体的三视图

根据各形体的投影特点和画图的方便与准确，逐个画出每个形体的三视图，注意将三视图联系起来画，并注意表面位置关系。

6. 检查、描深

画好组合体底稿，按基本形体逐个仔细检查，检查无误后描深所画视图。

5.3.2　例题解析

【例 5.1】　画出如图 5.2（a）所示支承座的三视图。

【分析】对所给的支承座进行形体分析，可分解成圆柱体Ⅰ、支撑板Ⅱ、肋板Ⅲ和底板Ⅳ四个部分，如图 5.2（b）所示表面位置关系既有相切，又有相交和共面。主视图的投影方向的选择应尽可能地反映形体的结构特征，如图 5.2（a）所示的 A 方向。通常情况下，组合体的底板和水平投影面平行，尺寸较大的方向与主视图投影面平行。

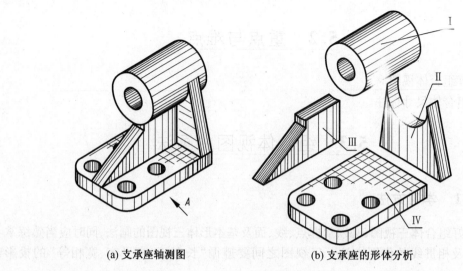

(a) 支承座轴测图　　　　　　(b) 支承座的形体分析

图 5.2　支承座

【作图步骤】

(1)布图,确定三视图的位置。

根据确定好的主视图投影方向,确定长、宽、高三个方向尺寸,结合比例选择合适的图幅,通过画底板的底面、左端面和对称面来确定三视图的位置,如图 5.3(a)所示。

(2)逐个画出各形体三视图的底稿。

根据各形体的投影特点和画图的方便与准确,逐个画出每个形体的三视图。先画底板、再画圆柱、接着画支承板,此时应先画支承板的左视图,然后根据投影关系画出主视图和俯视图。最后画肋板,肋板也应从左视图画起。画图过程如图 5.3(b)所示。

(3)检查、加深。

在检查的过程中,注意组合体的整体性,我们画图时只是假想将组合体分成几个基本形体来画,实际上还是一个整体,因此在基本形体中的某些轮廓线,在整体里就不存在了,如图 5.3(c)所示。检查无误后,加深完成作图,如图 5.3(d)所示。

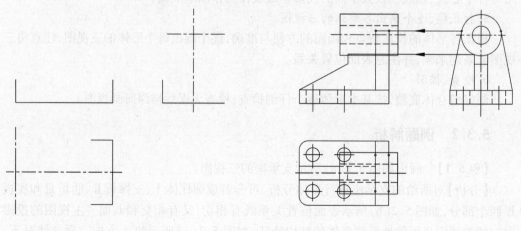

(a)　　　　　　　　　　　　　　(b)

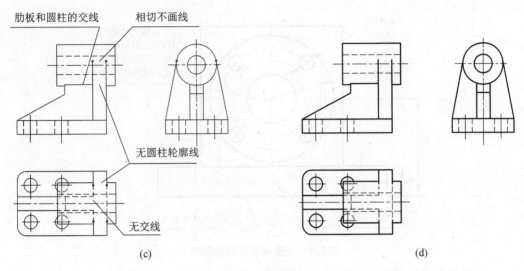

图 5.3　支承座画图步骤

5.4　组合体尺寸标注

5.4.1　学习方法

要学好组合体尺寸标注必须掌握组合体尺寸标注的总体要求及标注的方法和步骤。

组合体尺寸标注总体要求是正确、完整和清晰。

尺寸标注要正确，是指所注尺寸应符合《机械制图》国家标准中有关尺寸注法的规定；尺寸标注完整，是指必须有足够的尺寸确定组合体形状的大小和相对位置；尺寸标注清晰，是指标注的尺寸位置恰当、整齐和规范。

尺寸根据功能分为定形尺寸、定位尺寸和总体尺寸三大类。

使用形体分析法进行组合体尺寸标注，其一般步骤为：

（1）先标定形尺寸。

定形尺寸即为确定基本形体大小的尺寸。在标注组合体尺寸时，首先必须掌握好基本形体定形尺寸的标注方法，同时掌握一些典型形体的标注方式。

（2）再标定位尺寸。

从尺寸基准出发，定出各基本形体相对位置的尺寸为定位尺寸。标注定位尺寸的起点称为尺寸基准。组合体有长、宽和高三个方向的尺寸基准。标注尺寸时通常选择组合体的底面、端面、对称面、回转体的轴线作为基准。有时某一基本形体的定形尺寸又是另一形体的定位尺寸。

对于较复杂的组合体不但要有长、宽、高三个方向的主要基准，还要有辅助基准，主要基准和辅助基准之间要有尺寸联系，如图 5.4 所示。

由于组合体结构特点不同，组合体中的某些结构的定位尺寸不总是从主要基准标起，也利用辅助基准标注某些结构的定位尺寸。

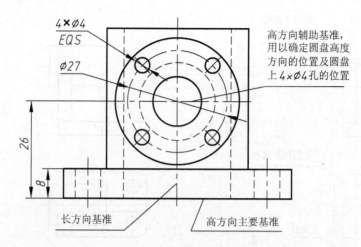

图 5.4 主要基准及辅助基准

（3）最后标总体尺寸。

总体尺寸即指组合体的总长、总宽和总高。组合体的总体尺寸一般应直接注出，标注总体尺寸时注意避免尺寸重复。某一方向具有回转特征的组合体的总体尺寸不直接注出，而是通过计算间接给出，如图 5.5 所示的总长尺寸。

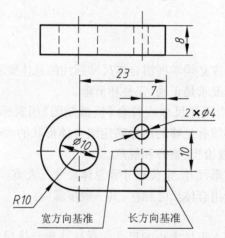

图 5.5 具有回转特征的总体尺寸

5.4.2 例题解析

【例 5.2】 标注如图 5.6（a）所示的组合体尺寸。

【分析】 进行形体分析，根据已知视图可知，该组合体由底板、带孔的大圆柱、带孔的半圆柱和肋板组成。选择底板的底面作为高度方向的基准，大圆柱孔的轴线作为长方向基准，组合体的对称面作为宽基准。

【标注步骤】 （如图 5.6（b））

（1）标底板的定型尺寸：6、35、R6、3×φ4、13、21，定位尺寸：14、22、42。

（2）标带孔的大圆柱的定形尺寸：φ29、φ21、φ11、24、19，圆柱的底面和高方向基准重

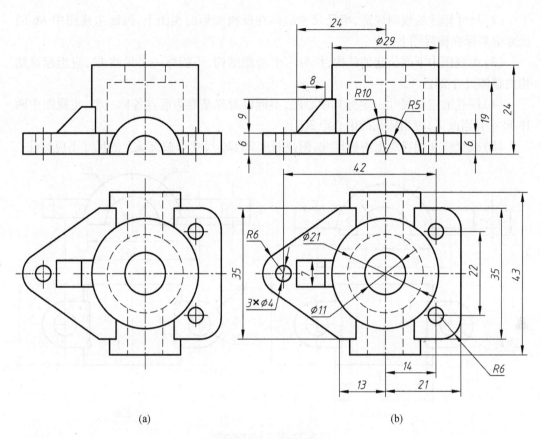

(a)　　　　　　　　　　　(b)

图 5.6　尺寸标注

合,其轴线通过长、宽方向基准,定位尺寸不须标注。

(3)标带孔半圆柱的定形尺寸:R10、R5、43,定位尺寸不须标注。

(4)标肋板的定形尺寸:9、8、7,定位尺寸:24。

(5)标总体尺寸:标注总体尺寸应注意尺寸重复的问题,有时组成组合体的基本形体的定形尺寸就是总体尺寸。本例题中24、43分别是总高和总宽尺寸,由于长度方向具有回转特征,总长尺寸不直接标注,通过计算确定。

　　说明　为了便于看图及图面整齐,尺寸线能放在一条线上尽量放在一条线上;同一方向如果有几层尺寸,尺寸线之间的距离及尺寸线到轮廓线之间的距离应相等,小尺寸在里、大尺寸在外;尺寸应尽量标注在反映结构特征明显的视图上。

　　【例 5.3】　指出图 5.7(a)所示组合体尺寸标注的错误,并重新进行正确的标注。

　　【分析】　要标好组合体尺寸,必须熟知尺寸标注的基本规则及基本形体的尺寸标注方法。本例题中,该组合体由左右连接板、被切割的带孔半圆柱组成。选择底面作高度方向的基准,左右对称面作长度方向基准,前后对称面作宽度方向基准。

　　【改错】　(如图 5.7(b))

　　(1)尺寸标注的规则规定,竖直的尺寸数字应字头向左写在尺寸线的左侧,因此,主视图中 5、7 的书写方式应改正。

（2）尺寸标注的规则规定，半径尺寸应标在反映实形的视图上，因此主视图中 *R6* 的尺寸应当标在俯视图上。

（3）主视图中下面凸起的结构，作为一个功能结构，不能标一半尺寸 12，应当标该结构的整体尺寸 24。

（4）两孔的定位尺寸一定标其中心距，不能以对称基准为起点各标一半，主视图中两 18 尺寸应当改正，应当标孔的中心距 36。

（5）截交线和相贯线上不标尺寸，俯视图中 23、26 尺寸为截交线上的尺寸不应标注。

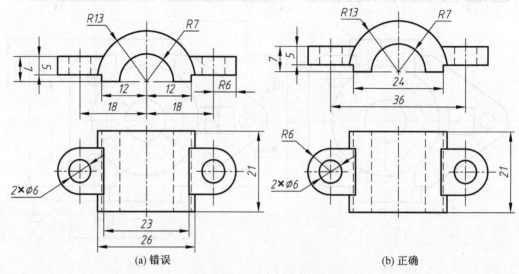

(a) 错误　　　　　　　　　　　　　　　　(b) 正确

图 5.7　尺寸标注改错

5.5　组合体读图

5.5.1　学习方法

根据组合体的视图，想象出它们的结构形状，称为读图。读图是画图的逆过程，所以读图必须以基本的投影理论为指导，充分掌握基本空间几何元素点、线、面及截交线和相贯线的投影规律及投影特性，同时应当记住基本的形体及基本形体被切割后的投影特征，把这些投影特征和空间形体的结构对应起来，这是读复杂组合体的基础。

读图与画图是相辅相成的。画图能力通过读图可以提高，读图能力通过画图达到深化。读图的基本方法为形体分析法和线面分析法。

通常组合体读图以形体分析法为主，线面分析法为辅。形体分析法是从体的角度对组合体进行分析，线面分析法是从线面的角度对组合体结构进行分析。形体分析法适合于叠加式组合体和整体分析，线面分析法适用于切割式组合体和局部分析。

1. 读图应注意的问题

（1）读图原则。通常，组合体的一个视图不能确定其结构形状。因此，在读图时必须按照投影规律，将两个或三个视图联系起来看，才能将图读懂。

如图5.8所示,在图5.8(a)、5.8(b)、5.8(c)中主视图和左视图都一样,俯视图不一样,其结构也不一样,所以一般情况下,要把所给的视图都联系起来,才能最终确定结构。

(2)注意虚实轮廓线的变化。轮廓线虚实的变化表明形体相对位置的变化及组合体形状的改变。

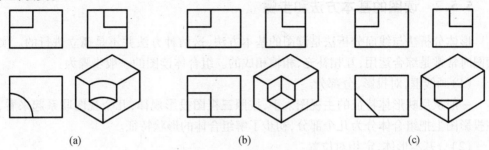

(a)　　　　　　　　　　(b)　　　　　　　　　　(c)

图5.8　读图原则

如图5.9所示,5.9(a)、5.9(b)图中,左视图与俯视图一样,主视图外轮廓一样,只是主视图中两段线由实线变为虚线,导致组合体结构发生了变化。

在图5.9(a)中,该组合体是由底板、立板、楔形体组成,楔形体放在中间位置。图5.9(b)中,可以理解为中间位置切去一个楔形体。

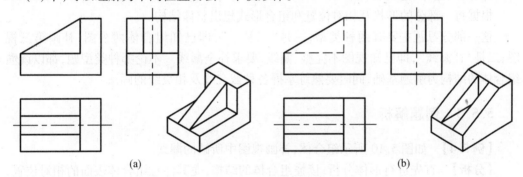

(a)　　　　　　　　　　　　　　　　(b)

图5.9　轮廓线虚实变化

(3)读图时注意抓住特征视图。如图5.9(a)、(b)所示的主视图就是特征视图,特征视图能够较多地反映组合体的结构特征信息,可以较快地想象出组合体的形状及相对位置。

2. 弄懂视图中"线段""封闭线框"的含义

视图中每一条线段可以是下列几何元素的投影:

(1) 两表面的交线;

(2) 特殊位置面(平面或曲面)的积聚性投影;

(3) 回转曲面的投影轮廓线。

视图中每一封闭线框可以是:

(1) 平面的投影;

(2) 曲面的投影;

(3) 孔或槽的投影。

任何相邻的封闭线框,必是组合体上两个不同表面的投影,在位置上分成前后、左右或上下两部分。

读图时可按线段及线框所表达的不同内容逐线、逐个线框进行分析。

5.5.2 读图的基本方法和步骤

形体分析法与线面分析法是读图的基本方法,这两种方法并不是孤立进行的。实际读图时常常是综合运用,互相补充,相辅相成的。组合体读图的一般步骤为:

(1)画线框,对投影,分部分。

一般从反映形体特征的主视图入手,按照三视图投影规律,几个视图联系起来看,并在投影图上把组合体分为几个部分,初步了解组合体的形状特征。

(2)分基本形体,定相对位置。

利用投影规律找出每一部分的三视图,根据每一部分的三视图确定各基本形体的形状及相对位置。

(3)深入分析,弄懂细节。

对于组合体上难懂的细节结构,使用线面分析法进行分析。

(4)综合起来,想出整体。

根据每一部分的形状及相对位置和组合形式想出整体结构。

这一部分习题主要有两种类型,一是"二补三",即已知组合体两视图,补画第三视图;二是"补漏线",即已知视图不完整、漏线,要求补全漏线。不论哪种类型题,都以读懂组合体的结构为解题基础,同时要熟练掌握各种截交线及相贯线的画法。

5.5.3 例题解析

【例5.4】 如图5.10所示组合体,补画视图中所缺的漏线。

【分析】 首先进行形体分析,读懂组合体的结构,尤其注意组合体表面的相对位置,不同的表面相对位置表达方式也不一样;然后对照组合体的结构补画视图中所缺的漏线。本例中三个小题所表达的组合体,均由底板和被切割的圆柱组成,表面位置关系既有共面,又有相交和相切。

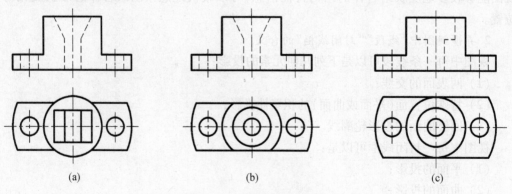

(a)　　　　　　　　　(b)　　　　　　　　　(c)

图5.10　补画视图中的漏线

【作图步骤】

（1）如图5.10（a）所示，底板与圆柱相交应画交线，圆柱内部挖孔，上为棱柱孔，下为方孔，两孔的前后表面共面无分界线，图5.11（a）为其轴测图，图5.12（a）为其补全漏线图。

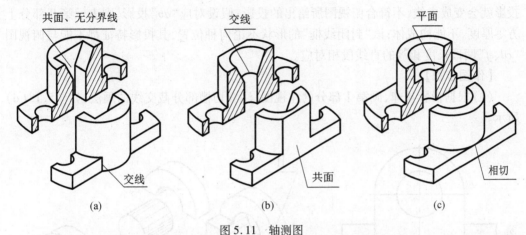

图5.11　轴测图

（2）如图5.10（b）所示，圆柱外表面被切割，与底板的前后端面共面，圆柱内部挖孔，上为圆锥孔、下为圆柱孔，两孔结合处有分界线，图5.11（b）为其轴测图，图5.12（b）为其补全漏线图。

（3）如图5.10（c）所示，底板的前后端面与圆柱外表面相切不画切线，圆柱内部挖孔，上为圆柱大孔、下为圆柱小孔，两孔结合处存在环形平面，画图时应补出其投影，图5.11（c）为其轴测图，图5.12（c）为其补全漏线图。

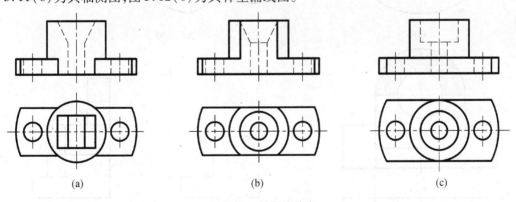

图5.12　补漏线答案

【例5.5】　如图5.13（a）所示组合体两视图，补画左视图。

【分析】　使用形体分析法和线面分析法相结合进行读图。该组合体既有叠加，又有切割。由主视图可以看出，组合体分为两部分。结合俯视图，第Ⅰ部分为半圆柱，前方被切方槽；第Ⅱ部分为半圆柱和长方体组成的拱形柱体，该部分被切圆柱孔，同时上前方被切半圆柱，如图5.13（b）所示。

这里较难读懂的是第Ⅱ部分半圆柱被切的位置，如图5.13（c）所示涂黑的"封闭线框"。该封闭线框按"长对正"可对应俯视图中三线段 *ab*、*cd*、*ef*,到底对应哪段线段? 通常运用可见性、各种位置面的投影特征、相贯线及截交线的形状等知识来判断。

此例中涂黑的"封闭线框"只能对应"*cd*"投影,而"*ac*"线段的长度表示半圆柱留下的宽度。假设"封闭线框"对应"*ef*"投影,则表示上宽下窄,那么俯视图中"*cd*"投影及相关投影就会变成虚线,不符合俯视图所给出的投影;假设对应"*ab*"投影,则表示第Ⅱ部分上方零厚度,不能构成体;该"封闭线框"的形状不论何种位置,其投影特征都不能与俯视图"*cd*、*ef*"两段长度相等的直线段相对应。

【作图步骤】

(1)根据投影规律,画第Ⅰ部分的左视图,注意切槽部分截交线的画法,如图5.13(d)所示。

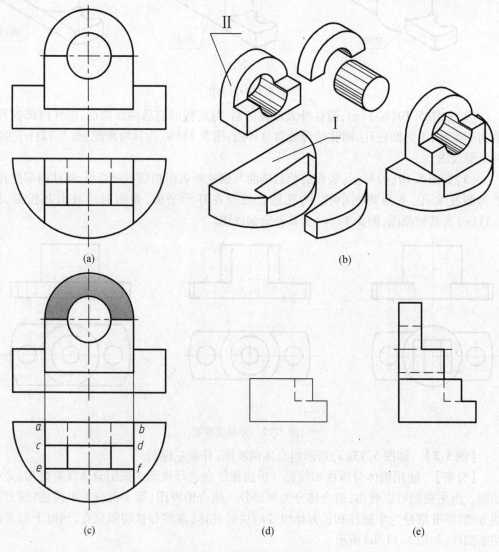

图 5.13 组合体读图及"二补三"

(2)画第Ⅱ部分的左视图,注意前端面与第Ⅰ部分的方槽后面共面,后端面与第Ⅰ部分的后端面共面,补完所有部分,检查并加深,如图5.13(e)所示。

【例5.6】 如图5.14(a)所示组合体两视图,补画左视图。

【分析】 使用形体分析法和线面分析法相结合进行读图。使用形体分析法读组合体总体特征,分部分;其次使用线面分析法读细节结构。该组合体既有叠加,又有切割。由主视图可以看出,组合体分为两部分。结合俯视图,第Ⅰ部分原始形体为长方体,上面及左前角被切割,分别被正垂面和铅垂面切割;第Ⅱ部分原始形体为四棱柱,底面被切割一部分,分别被水平面和正垂面切割;如图5.14(b)所示。

【作图步骤】

(1)根据投影规律,画第Ⅰ部分的左视图,如图5.14(c)所示。

(2)画第Ⅱ部分的左视图,注意形体之间的相对位置及表面位置关系,如图5.14(d)所示。此处较难画的是第Ⅰ部分和第Ⅱ部分的表面交线,即图5.14(b)所示AB、BC交线。较好的办法是在已知的视图上标出各点的两面投影,根据投影规律作出第三面投影。

(3)检查、加深。两形体叠加,有些线段由于形体结合在一起,变成一个整体而消失,如图5.14(d)中的一段线段,结果如图5.14(e)所示。

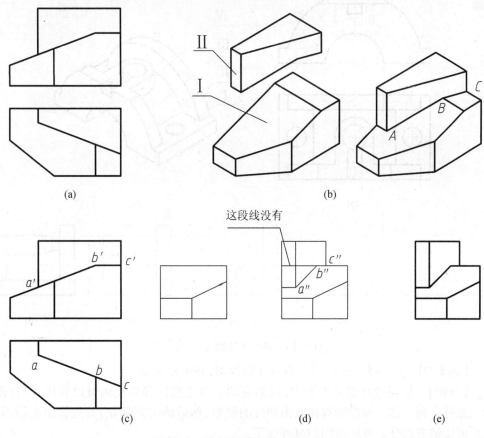

图5.14 组合体读图及"二补三"

【例 5.7】 如图 5.15(a)所示组合体两视图,补画左视图。

【分析】 该组合体以叠加为主,切割为辅。由主视图和俯视图可以看出,组合体分为四部分。第Ⅰ部分为带圆柱孔的方形底板;第Ⅱ部分为两个半圆柱立板,前面的立板被水平面切去一部分;第Ⅲ部分为半圆筒;第Ⅳ部分为拱形柱体,开圆柱孔和方槽,如图 5.15(b)所示。

补图时注意表面位置关系及截交线和相贯线的画法,同时注意组合体在叠加过程中,两形体结合成一个整体,结合处单独形体的轮廓线消失,被截交线和相贯线取代。

【作图步骤】

(1)根据投影规律,画第Ⅰ部分的左视图,如图 5.15(c)所示。

(2)画第Ⅱ部分的左视图,如图 5.15(d)所示。

(3)画第Ⅲ部分的左视图,如图 5.15(e)所示。

(4)画第Ⅳ部分的左视图,注意表面位置关系及截交线和相贯线的画法,如图 5.15(f)所示。

(5)检查、加深,如图 5.15(g)所示。

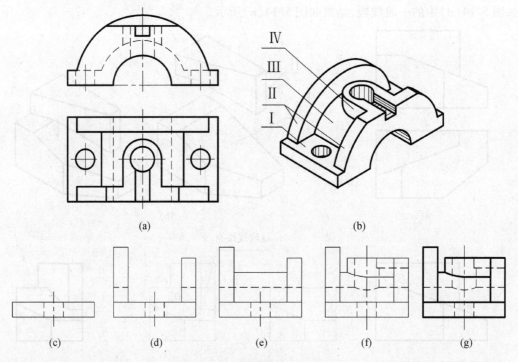

图 5.15 组合体读图及"二补三"

【例 5.8】 如图 5.16(a)所示组合体两视图,补画左视图。

【分析】 该组合体以叠加为主,切割为辅。由主视图和俯视图可以看出,组合体分为三部分。每一部分按投影规律找出相应的投影,然后确定其形状,首先读出原始形体,然后再读细节部分。具体读图的过程如下:

(1)第Ⅰ部分的原始形体为圆台与棱柱的复合体,其上被切拱形槽。图 5.16(b)所示的涂黑部分,其投影特征符合半圆台投影特征,则该部分的原始形体为半圆台。图5.16(c)所示的涂黑部分,其投影特征符合棱柱的投影特征,该部分的原始形体为四棱柱。

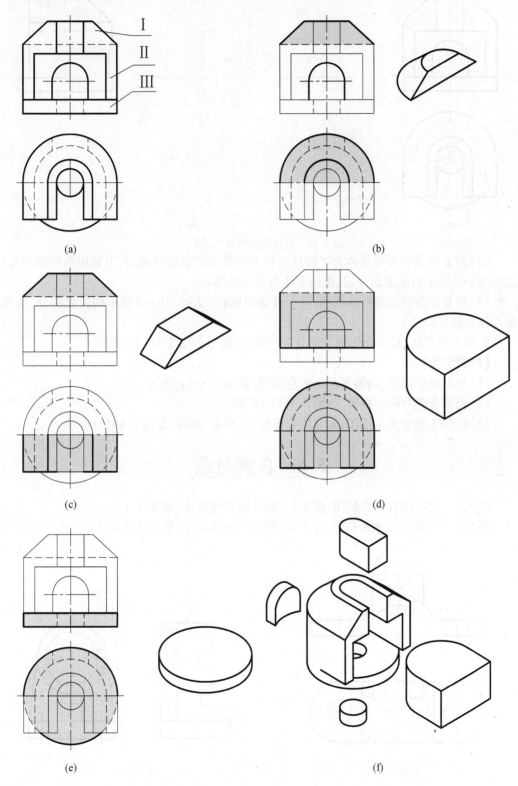

(a)

(b)

(c)

(d)

(e)

(f)

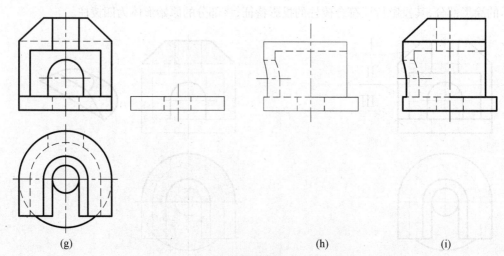

(g)   (h)   (i)

图5.16   组合体读图及"二补三"

(2)第Ⅱ部分的原始形体为半圆柱与长方体叠加的拱形柱体,其上被切拱形槽和孔。图5.16(d)所示的涂黑部分,其原始形体为拱形柱体。

(3)第Ⅲ部分的原始形体圆柱,其上被切圆柱孔。图5.16(e)所示的涂黑部分,其原始形体为圆柱体。

根据上述思路,对组合体细节部分进行分析,结果如图5.16(f)所示。

【作图步骤】

(1)根据投影规律,画第Ⅲ部分的左视图,如图5.16(g)所示。

(2)画第Ⅱ部分的左视图,如图5.16(h)所示。

(3)画第Ⅰ部分的左视图,画完所有部分后,检查、加深,如图5.16(i)所示。

5.6   自测习题

题5.1   已知组合体两视图,按1∶1标注组合体尺寸(题图5.1)。

题5.2   已知组合体两视图,按1∶1标注组合体尺寸(题图5.2)。

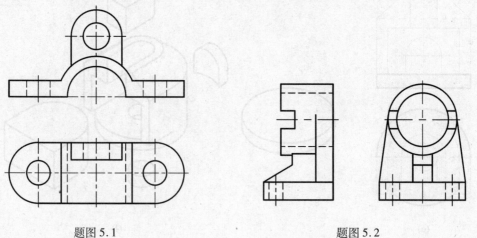

题图5.1   题图5.2

题 5.3 已知组合体两视图,补画视图中所缺的漏线(题图 5.3)。

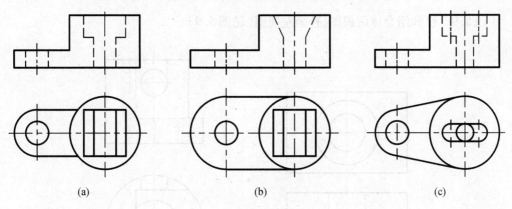

(a)   (b)   (c)

题图 5.3

题 5.4 已知组合体两视图,补画俯视图(题图 5.4)。

题 5.5 已知组合体两视图,补画左视图(题图 5.5)。

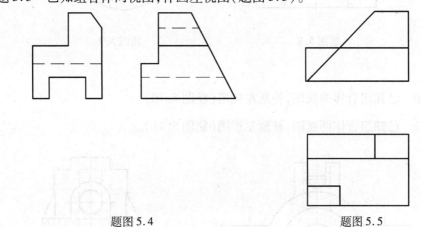

题图 5.4   题图 5.5

题 5.6 已知组合体两视图,补画俯视图(题图 5.6)。

题 5.7 已知组合体两视图,补画主视图(题图 5.7)。

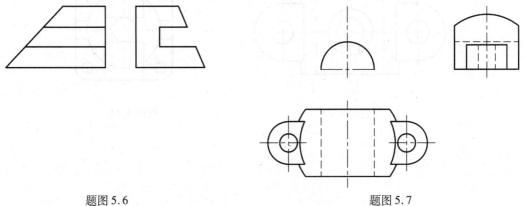

题图 5.6   题图 5.7

题 5.8   已知组合体两视图,补画左视图(题图 5.8)。

题 5.9   已知组合体两视图,补画左视图(题图 5.9)。

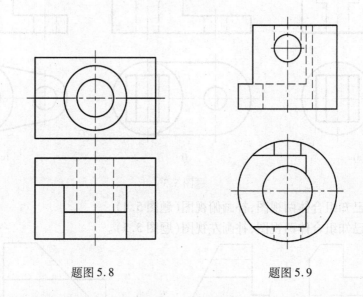

题图 5.8   题图 5.9

题 5.10   已知组合体两视图,补画左视图(题图 5.10)。

题 5.11   已知组合体两视图,补画左视图(题图 5.11)。

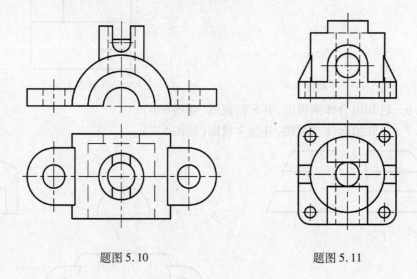

题图 5.10   题图 5.11

题 5.12　已知组合体两视图,补画左视图(题图 5.12)。

题 5.13　已知组合体两视图,补画左视图(题图 5.13)。

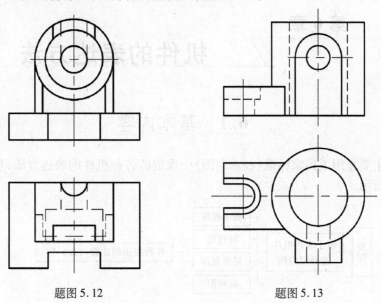

题图 5.12　　　　　　　　题图 5.13

题 5.14　已知组合体两视图,补画左视图(题图 5.14)。

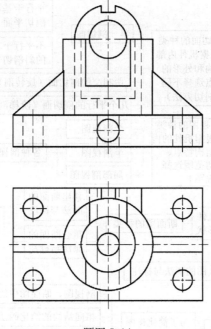

题图 5.14

第 6 章

机件的表达方法

6.1　基本内容

本章主要介绍了国家标准《技术制图》中规定的各种机件的表达方法,基本内容框图如图 6.1 所示。

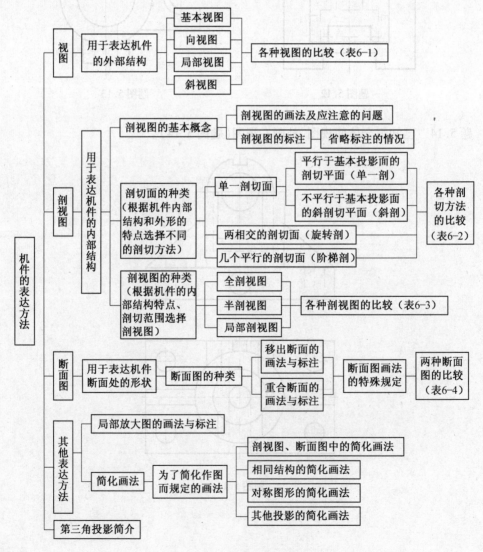

图 6.1　基本内容框图

6.2　　重点与难点

（1）重点：剖视图、断面图的画法、标注和应用。
（2）难点：各种表达方法的综合应用。

6.3　　学习要点

　　在生产实际中，机件的形状和结构是多种多样的，为了满足各种机件表达的需要，国家标准《技术制图》规定了视图、剖视图、断面图和简化画法等表达方法。本章主要介绍机件常用表达方法的国家标准，其概念、内容和规定较多，在学习时，注意以每一种表达方法的概念、画法、标注方法和应用场合为主线，就会感觉思路清晰，不再纷乱复杂，表6.1～表6.4针对各种表达方法的上述四个方面进行了比较。

表6.1　　各种视图的比较

视图种类	基本视图	向视图	局部视图	斜视图
视图的配置	按投影关系配置	在图样中任意位置配置（按投射方向配置或配置在其他位置）		
标注	省略标注	向视图上方标注：X（如A），表示名称　相应的视图上标注：箭头，表示投影方向；字母X（如A）	同向视图	
			若局部视图配置在基本视图的位置上，中间无其他图形隔开，可省略标注	若斜视图旋转配置，还应在斜视图名称旁加注旋转符号，表示旋转方向
应用场合	根据机件结构的复杂程度选择	合理布图	表达机件的局部结构，避免重复表达，使机件表达清晰，绘图简便	表达机件外部倾斜的结构

表6.2　　各种剖视图的比较

剖视图的种类	应用场合
全剖视图	机件外形简单或机件外形已在其他视图中表达清楚，而内部结构不对称又较复杂
半剖视图	机件对称且内外结构形状都需要表达（机件虽对称但其中心线与轮廓线重合除外）
局部剖视图	①内外结构形状都较复杂，又不对称的机件 ②机件的内部结构仅有个别部分（如孔、槽等）未表达清楚，又不宜采用全剖视图 ③轴、手柄等实心件上的孔、槽等结构 ④机件虽然对称，但对称中心线与轮廓线重合

表 6.3　断面图的比较

断面图的种类			移出断面		重合断面
特点			画在视图外面,图形轮廓画粗实线		画在图形内部,图形轮廓画细实线
标 注	完全标注		断面图上方标注:$X—X$(如 $A—A$),表示名称;若断面图旋转配置,还应加注旋转符号,表示旋转方向		剖切符号"━",表示剖切位置 箭头,表示投影方向(不标字母)
			相应视图上标注:剖切符号"━",表示剖切位置;箭头,表示投影方向;字母 X,与断面图名称相同(如 A)		
	不完全标注	断面图配置在	剖切符号的延长线上	断面图对称——省略全部标注	若断面图对称——省略全部标注
				断面图不对称——省略字母	
			基本视图的位置上,中间无其他图形隔开	省略箭头	
			其他位置	断面图对称——省略箭头	
	图 例				
应用场合			断面形状较复杂或放在视图内部表达不清晰 注意:断面图仅表达断面处的形状,而剖视图不仅应画出剖切位置处断面的情况,而且还要画出剖切面后面、右面或下面的可见结构		断面形状较简单,不影响图形的清晰表达

表6.4　各种剖切方法的比较

剖切方法		单一剖切面		两相交的剖切面（旋转剖）	几个相互平行的剖切面（阶梯剖）
		单一剖	斜剖		
标注	完全标注	剖视图上方标注：$X{-}X$（如 $A{-}A$），表示名称 相应视图上标注：剖切符号"一"，表示剖切位置；箭头，表示投影方向；字母 X，与剖视图名称相同（如 A）	同单一剖 若斜剖视图旋转配置，还应加注旋转符号，表示旋转方向	剖视图上方标注：$X{-}X$（如 $A{-}A$），表示名称 相应视图上标注：剖切符号"一"，表示剖切位置或转折；箭头，表示投影方向；字母 X，与剖视图名称相同（如 A）	
	不完全标注	省略箭头：剖视图位于基本视图的位置上（按投影关系配置），中间无其他图形隔开 省略全部标注： ①采用单一剖切面通过机件的对称面剖切时，剖视图按投影关系配置，中间无其他图形隔开 ②采用单一剖切面且剖切位置明显的局部视图			
应用场合		表达机件内部主要结构位于平行于基本投影面的对称面上或中心线平行于某一基本投影面	表达机件内部倾斜的结构	表达机件内部结构具有公共的回转轴（或机件的内部结构在圆周上分布）	表达机件的内部结构分布在相互平行且平行于某一基本投影面的平面上

本章学习中应注意如下几个问题：

(1)虚线的使用要恰当。视图主要是用于表达机件的外部结构，剖视图重点是表达机件的内部结构。因此，一般在视图和剖视图中不再画出虚线。但未表达清楚的结构形状，省略一个视图又不影响图形的清晰表达时，可以画出必要的虚线。

(2)剖视图中不完整结构的尺寸标注。组合体的尺寸标注方法同样适合于剖视图。当采用半剖视图或局部剖视图时，将出现不完整结构（例如孔或槽），标注不完整结构尺寸时，只画一条尺寸界线，尺寸线要超过轴线或对称中心线，尺寸数字的数值仍按完整结构的尺寸注写，不能注写成一半，具体内容参见例题6.12（孔直径 $\phi12$、槽宽尺寸20）和例6.13（孔直径 $\phi24$）。

(3)波浪线的画法。在局部视图和斜视图以及局部剖视图中，波浪线是局部结构或倾斜结构与整体间的分界线，它代表机件表面的断裂线。因此，波浪线应画在机件实体投影的部位上，非实体部分不应画线；波浪线在孔、槽处应断开，所谓"不能穿空而过"；波浪线不应和图形中的其他图线重合，也不应画出轮廓线之外；在局部剖视图中，波浪线的剖切范围应将被剖切部分的内部结构表达清楚，例如剖切孔时，波浪线一定要沿着孔的轴线方向将孔剖开，以便于表达孔沿着轴线方向的情况。具体内容参见例6.7、例6.13和例6.15。

(4)确定机件表达方案的方法。在完整、清晰地表达机件各部分内外结构形状及相对位置的前提下，力求看图方便，绘图简单，具体内容参见例6.10～例6.15。应着重考虑下述问题：

① 用形体分析法分析机件外形及内形分布的结构特点。

② 恰当选择主视图和其他视图,以便完整、清晰地表达机件的结构形状。

③ 在选择表达方案时,应首先考虑主体结构和整体结构的表达,然后针对次要结构和细小部位进行补充。以首选基本视图或在基本视图上取剖视为主,再考虑辅助视图(如斜视图、局部视图、斜剖视图、局部剖视图、断面图等)。

④应用表达方法处理好内形与外形、主体与局部的矛盾,例如根据机件是否对称? 内外结构是否需要表达? 考虑采用视图还是剖视图? 采用全剖视图、半剖视图还是局部剖视图? 要根据表达的内部结构分布的特点,考虑剖切方法。

⑤ 尺寸标注可以帮助表达形体的形状(尺寸标注具有定形的作用),在确定表达方案时,还可以结合标注尺寸等问题一起考虑。

6.4　例题解析

【例6.1】　在图6.2中,对照左视图,选择正确的全剖主视图。

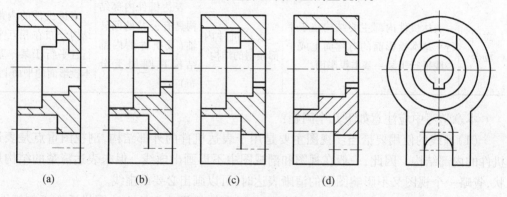

(a)　　　　(b)　　　　(c)　　　　(d)

图6.2　选择正确的全剖主视图

【分析】　图6.2(a)剖视图即"剖而视之",因此剖切面后方的可见轮廓线应全部画出,不应漏线,此图有五处漏线。

图6.2(b)已表达清楚的结构,其投影为虚线时一般不画出,此图的虚线应省略。

图6.2(d)同一机件的剖面线方向、间隔应相同,此图两处剖面线方向相反且间隔不一致;一处漏线,两处投影错误。

正确:(c)

【例6.2】　在图6.3所示的四种画法中,选择正确的剖视图。

【分析】　图6.3(b)半剖视图中,由于内部结构在剖视部分已表达清楚,在表示机件外部结构的半个视图上,一般不画出虚线;半剖视图实质是视图与剖视图的组合,视图与剖视图的分界线应为对称线即点画线,不应画粗实线,不能认为是由两个互相垂直的剖切平面剖切机件的1/4而得到的图形。因此,此图剖切符号标注位置错误。

图6.3(c)机件虽然左右对称,但中心线和轮廓线重合(即分界线处是粗实线)时,不能采用半剖视图,应采用局部剖视图;剖切平面通过肋板的对称平面(纵向剖切)时,肋板应按不剖画。

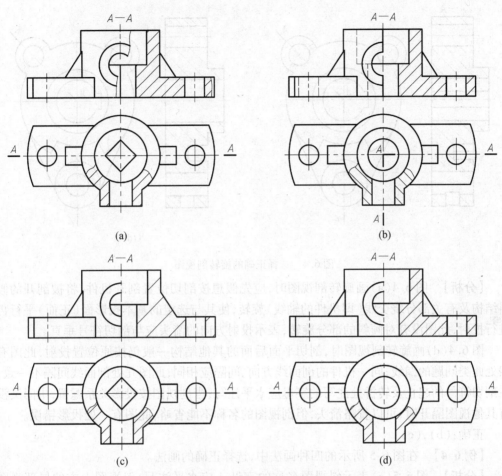

图 6.3 选择正确的剖视图

正确:(a),(d)

【例 6.3】 在图 6.4 所示的四种画法中,选择正确的旋转剖视图。

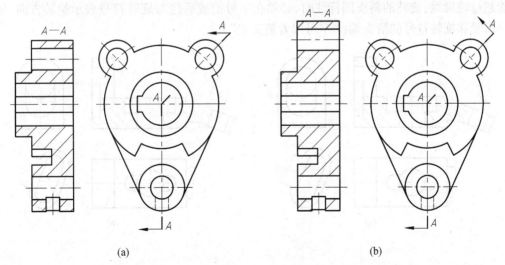

(a)   (b)

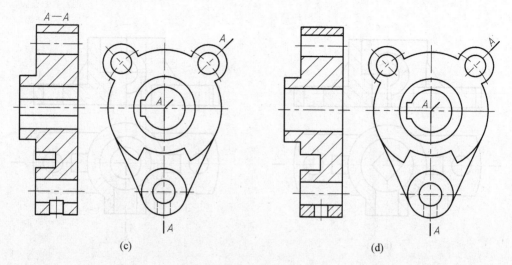

图 6.4　选择正确的旋转剖视图

【分析】　图 6.4(a)画旋转剖视图时,应先假想按剖切位置剖开机件,将被剖开的倾斜结构及有关部分绕交线(即机件的轴线)旋转,使其与选定的基本投影面(正面)平行再进行投射,此图没有对倾斜的部分旋转,表示投射方向的箭头应与剖切符号垂直。

图 6.4(d)画旋转剖视图时,剖切平面后面的其他结构一般仍按原位置投射,此图有四处此类问题的漏线;同一机件的剖面线方向、间隔应相同,此图几处剖面线间隔不一致;在剖切符号的起止及转折处注写的字母应水平注写;当剖视图按投影关系配置,中间又没有其他视图隔开时,可以省略箭头,但剖视图的名称不能省略;此图有一处投影错误。

正确:(b),(c)

【例 6.4】　在图 6.5 所示的四种画法中,选择正确的画法。

【分析】　图 6.5(a)表示斜视图名称的字母 A 应水平注写;斜视图上方的局部视图不是按基本视图配置的,不能省略标注。

图 6.5(c)表示斜视图投影方向的箭头必须与倾斜的表面垂直;斜视图中的波浪线不能超过轮廓线;旋转的斜视图标注时,必须在字母前或后注写旋转符号表示旋转方向,使字母紧靠旋转符号的箭头端("字母跟着箭头走")。

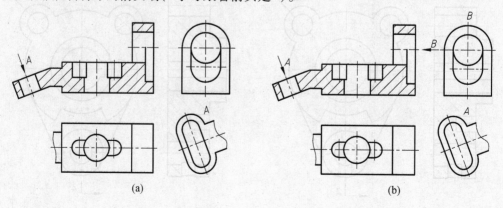

(a)　　　　　　　　　　　　　　(b)

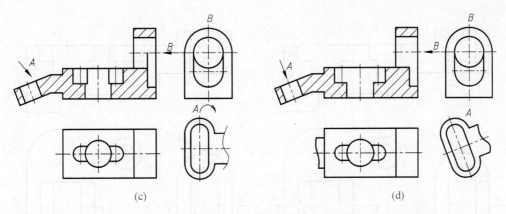

图 6.5　选择正确的画法

图 6.5(d)此图有五条剖切面后面的漏线;局部视图和斜视图中的波浪线应画成细实线。

正确:(b)

【例 6.5】　分析图 6.6 所示的各图,选择正确的重合断面图。

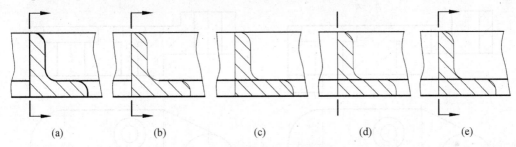

图 6.6　选择正确的重合断面图

【分析】　图 6.6(a)重合断面图的轮廓线应用细实线绘制;当视图轮廓线与断面图轮廓线重合时,应以视图的轮廓线为主,将视图轮廓线画完整。

图 6.6(b)当视图轮廓线与断面图轮廓线重合时,应将视图轮廓线画完整。

图 6.6(c)不对称重合断面,应画出剖切符号和投射方向箭头。

图 6.6(d)不对称重合断面,应标注表示投射方向的箭头。

正确:(e)

【例 6.6】　在图 6.7 所示的四种画法中,选择正确的阶梯剖视图。

【分析】　图 6.7(a)阶梯剖视图在转折处剖切符号应相互垂直并且剖切符号不能与轮廓线重合。

图 6.7(c)阶梯剖视图中,剖切面是假想的,剖切面转折处不应画出其分界线的投影;阶梯剖视图中应避免剖出不完整要素。

图 6.7(d)此图有四条剖切面后面的漏线;右侧长度不同而宽度相同的槽,其前后面共面不应画线。

正确:(b)

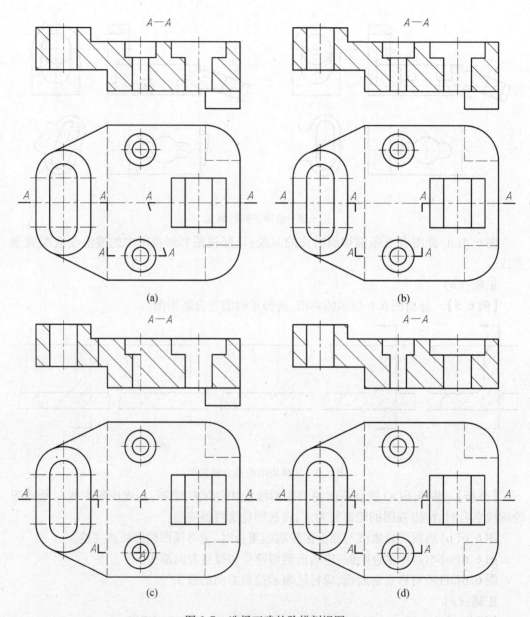

图 6.7　选择正确的阶梯剖视图

【例 6.7】　分析图 6.8 所示的各图,选择正确的局部剖视图。

【分析】　图 6.8(a)此图有一处剖切面后面和两处剖切面右侧的漏线;左视图一处多线。

图 6.8(b)此图有一处剖切面后面和两处剖切面右侧的漏线。

图 6.8(d)局部剖视图的波浪线不能与轮廓线重合也不能超出轮廓。

图 6.8(e)因左侧是通孔,波浪线不应穿空而过;前方的孔不通,此处波浪线不应断开。

图 6.8(f)局部剖视图将内部结构已经表达清楚。因此,表示内部结构的虚线应省

略;因左侧是不通孔,此处波浪线不应断开;前方的孔是通孔,此处波浪线不应穿空而过。

图 6.8(g)剖切孔时,一定要沿着孔的轴线方向将孔剖开,以便于表达孔沿着轴线方向的情况,因此波浪线应画到右侧端面处;左视图一处多线。

正确:(c),(h)

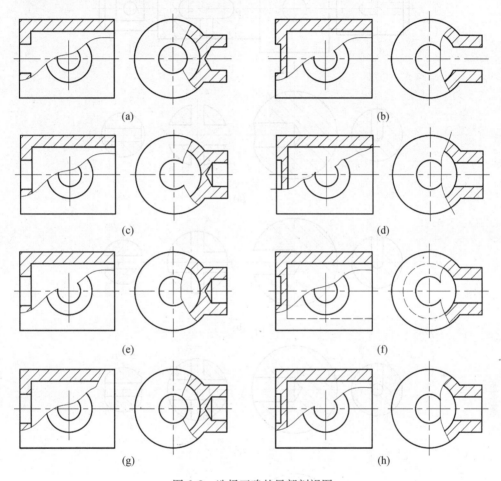

图 6.8　选择正确的局部剖视图

【例 6.8】　分析图 6.9 所示的各图,选择正确的一组移出断面图。

【分析】　图 6.9(a)中第一、二两断面图有投影错误;画断面图时,当剖切平面通过回转面形成的孔、凹坑的轴线时按剖视绘制,当剖切平面通过非(回转面)圆孔,但会导致分离的两部分时也按剖视绘制,注意:此处的按剖视绘制是指被剖切的结构,不包括剖切面后面的其他结构。因此,第三个断面图有多处漏线;第四个断面图有两处多线。

图 6.9(b)中,每个断面图都应按剖视绘制,因此每个断面图都有漏线;此外,对于同一机件每个断面图的剖面线方向和间隔都应相同。

图 6.9(d)中第一、第二和第三个断面图都有投影错误;第四个断面图没有配置在剖切平面迹线的延长线上,虽然断面图对称,可以省略表示投射方向的箭头,但必须在断面图的上方标注断面图的名称 $B-B$。

正确:(c)

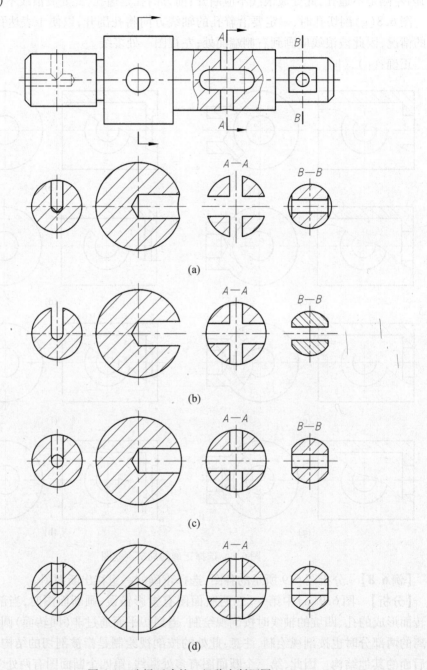

图 6.9　选择正确的一组移出断面图

【例 6.9】　将图 6.10(a)所示机件的主视图改画成半剖视图,补画出左视图的全剖视图。

【分析】　根据图 6.10(a)所示的机件视图,读懂机件的内外结构,参见图 6.10(b)。可见该机件左右对称,即可将主视图画成半剖视图,以对称面(点画线)为界,将左侧画成视图,省略表达内部结构的虚线,将右侧表达内部结构的虚线改画成粗实线以表达内部结构;左视图画成全剖视图,如图6.10(c)所示。

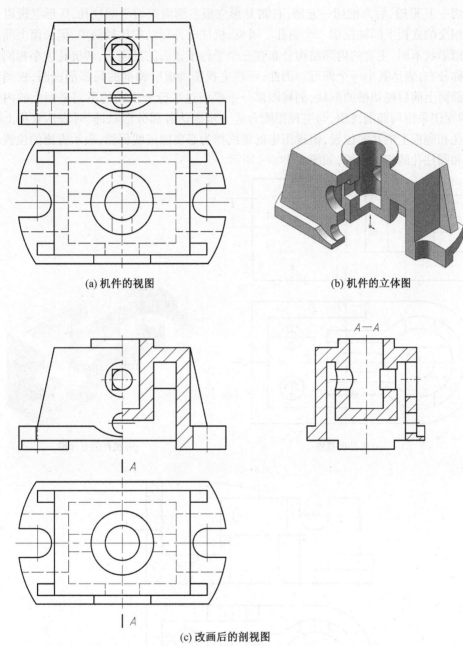

(a) 机件的视图　　　　　　　　　　(b) 机件的立体图

(c) 改画后的剖视图

图 6.10　改画和补充指定的剖视图

注意　在此例题中,主视图是沿内部和外部肋板的前后对称面剖切,属纵向剖切肋板,因此,肋板不画剖面线。

【例6.10】　选择适当的表达方案,表达图6.11(a)所示的机件。

【分析】　根据图6.11(a)所示的机件视图读懂机件的形状,参见图6.11(b)。该机件可视为带有半圆柱的底板,其上左侧叠加圆筒和前后对称的立板,立板与圆筒相交,右侧叠加一与底板等宽的U形立板;底板上前后对称挖切两槽、一圆柱孔,两沉孔,圆筒上前方挖切一U形槽,后方挖切一方槽,右侧U形立板右侧面挖切一圆柱孔,U形立板以及与圆筒相交的立板上同轴挖切一个通孔。可见,机件的外部结构比较简单,但圆筒上前后挖切的槽形状不同,主要的内部结构分布在三个平行于正面的平面上,两沉孔大小相同且前后对称分布,表达其中一个即可。因此,可将主视图画成阶梯剖的局部剖视图,视图部分表达圆筒上前后挖切槽的形状,剖视图部分主要表达平行于正面的不同平面上的内部结构;俯视图采用局部剖视图,与主视图配合进一步表达各部分形状,同时表达立板上的前后通孔和侧板上的孔的位置,俯视图中的虚线作为必要的虚线保留,表示方槽的位置以及方槽和圆柱孔的相对位置,如图6.11(c)所示。

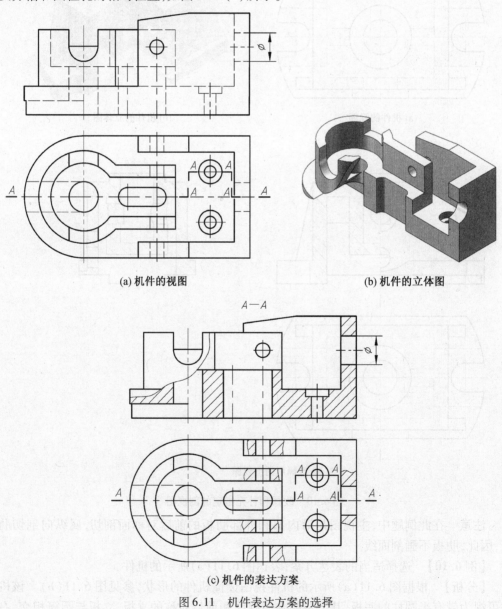

(a) 机件的视图　　　　　　　　　　(b) 机件的立体图

(c) 机件的表达方案

图6.11　机件表达方案的选择

【例 6.11】 选择适当的表达方案,画出图 6.12(a)所示的机件主、俯、左三视图并标注尺寸。

【分析】 根据机件的视图,读懂该机件的形状,参见图 6.12(b)。该机件可看作由带有弧形槽和孔的底板、被截切的圆柱和肋板叠加而成,其外部结构简单,内部结构复杂

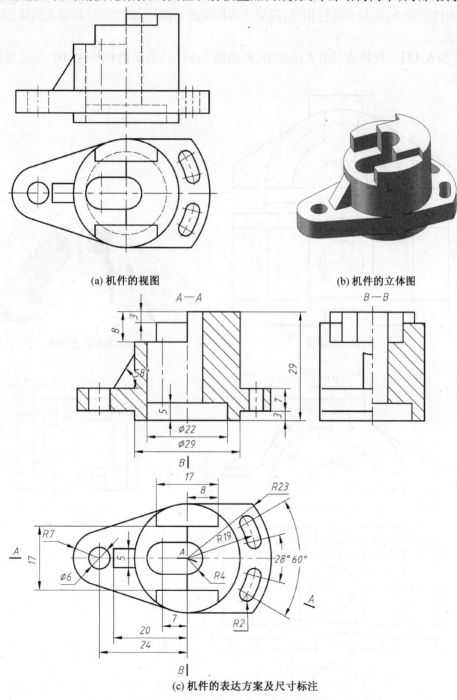

(a) 机件的视图   (b) 机件的立体图

(c) 机件的表达方案及尺寸标注

图 6.12　机件表达方案的选择及其尺寸标注

且具有公共的回转轴,机件左右不对称而前后对称。因此,主视图采用旋转剖的全剖视图以便重点表达内部结构,俯视图采用视图与主视图配合表达机件的外部结构,左视图采用半剖视图内外兼顾表达机件的形状;按尺寸标注原理标注尺寸;如图 6.12(c)所示。

　　注意　在此题中,主视图是沿肋板的前后对称面剖切,因此,属纵向剖切肋板,肋板不画剖面线。此外,肋板与圆柱相交,截交线为椭圆的一部分,其侧面投影应为曲线,不要画成直线。

　　【**例 6.12**】　选择适当的表达方案,画出图 6.13(a)所示的机件主、俯、左三视图,并标注尺寸。

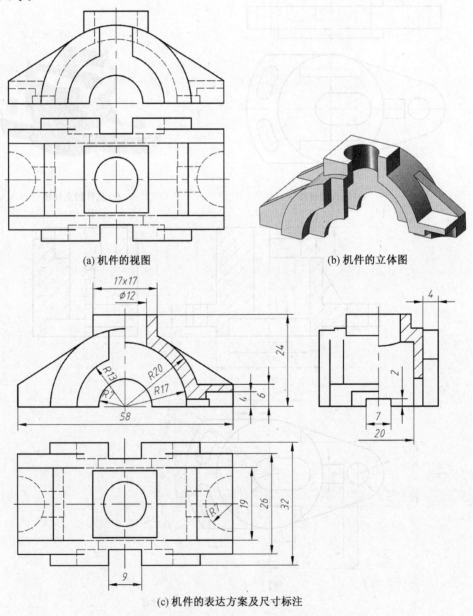

(a) 机件的视图　　　　　　　　(b) 机件的立体图

(c) 机件的表达方案及尺寸标注

图 6.13　机件表达方案的选择及其尺寸标注

【分析】 根据机件的视图,读懂该机件的形状,参见图 6.13(b)。该机件可看作由挖切去半圆柱和槽的两底板、被挖切的半圆柱、挖孔四棱柱和四块肋板叠加而成,其内外结构左右、前后均对称,且均需要表达。因此,主视图采用半剖视图以便内外兼顾地表达机件的形状,俯视图采用视图与主视图配合表达机件的外部结构,左视图可采用半剖视图内外兼顾进一步表达机件的形状;按尺寸标注原理标注尺寸;如图 6.13(c)所示。

注意 此题中不完整结构的尺寸标注,主视图和左视图均采用半剖视图,孔的直径 $\phi12$ 和槽宽尺寸 20 应标注孔的直径和槽宽,不能标注半径或槽宽的一半。

【例 6.13】 选择适当的表达方案,画出图 6.14(a)所示的机件主、俯、左三视图,并标注尺寸。

【分析】 根据机件的视图,读懂该机件的形状,参见图 6.14(b)。该机件可看作由挖切槽和挖切孔的两块底板、两 U 形柱体、高度方向挖切不同直径圆柱面同时左侧挖切方槽、右侧挖切 U 形槽的圆柱叠加而成,其内外结构左右不对称,前后对称且均需要表达。因此,主视图采用局部剖视图以便内外兼顾地表达机件的形状,俯视图采用视图与主视图配合表达机件的外部结构,左视图可采用半剖视图进一步内外兼顾地表达机件的形状;按尺寸标注原理标注尺寸;如图 6.14(c)所示。

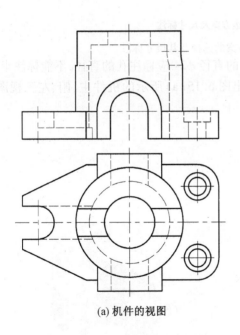

(a) 机件的视图

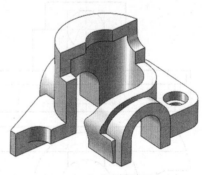

(b) 机件的立体图

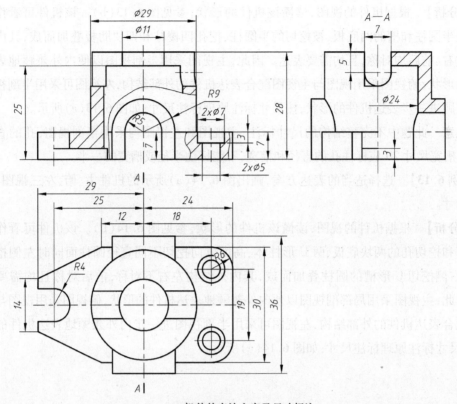

(c) 机件的表达方案及尺寸标注

图 6.14   机件表达方案的选择及其尺寸标注

注意   此题中左视图采用半剖视图,孔的直径 φ24 应标注孔的直径,不能标注半径。

【**例 6.14**】   选择适当的表达方案,画出图 6.15(a)所示的机件主、俯、左三视图,并标注尺寸。

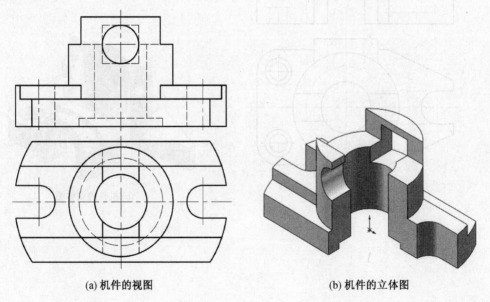

(a) 机件的视图   (b) 机件的立体图

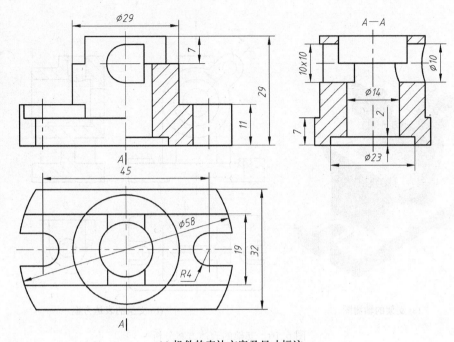

(c) 机件的表达方案及尺寸标注

图 6.15　机件表达方案的选择及其尺寸标注

【分析】　根据机件的视图,读懂该机件的形状,参见图 6.15(b)。该机件可看作由被截切和挖槽的圆柱作为底板,与另一被截切和挖切孔的圆柱叠加而成;左右对称,前后不对称。因此,主视图采用半剖视图以便内外兼顾表达机件的形状,俯视图采用视图与主视图配合表达机件的外部结构,左视图可采用全剖视图进一步表达机件的内部结构;按尺寸标注原理标注尺寸;如图 6.15(c)所示。

注意　在俯视图中,底板可看成圆柱被前后对称且距离为 32 的截平面截切而成。因此,标注底板的定形尺寸时应标注圆柱的直径 ϕ58 和确定截平面的尺寸 32,而不能标注其半径。

【例 6.15】　确定图 6.16(a)所示支架的表达方案。

【分析】

(1)分析机件结构形状。根据图 6.16(a)可知,支架是由底板,圆筒和中间 H 形支承板三大部分组成。底板上挖切了一个通槽和两个 U 形槽,上面有两个 U 形凸台;圆筒前表面分布着一个倾斜的耳板,上面后方叠加了一个 U 形凸台,凸台上挖有与圆筒孔相通的小孔;支承板和圆筒与底板左右对称分布。

(2)选择主视图。应选择能够反映机件信息量最多(最大限度地反映机件的形状特征和相对位置特征)的视图作为主视图,通常是机件的工作、安装或加工位置。为了便于画图,必须将机件的主要轴线或主要平面,尽可能地平行于基本投影面,同时还应考虑布图要合理。根据支架的结构特点,选用箭头所指的方向作为主视图的投影方向,作为主视图可采用局部剖视图,主要表达三大部分的外部结构同时兼顾 U 形槽深度、耳板的形状。

(3)选择其他视图。根据支架的特点,采用全剖的俯视图(A–A),侧重底板和支承板

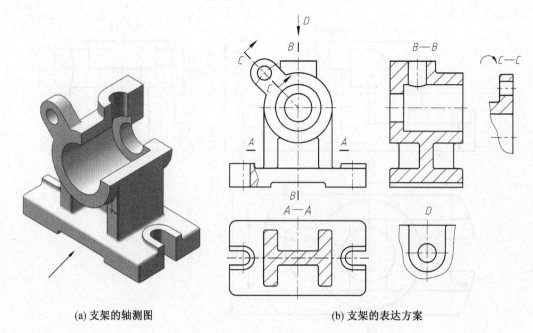

(a) 支架的轴测图　　　　　　　　　　　　(b) 支架的表达方案

图 6.16　支架的表达方案分析

断面形状以及两者左右、前后相对位置的表达。左视图采用全剖视图(B–B),重点表达圆筒的内部结构、凸台相对于圆筒、凸台上的小孔与大孔相通的情况以及圆筒相对于支承板和底板的前后相对位置。采用斜剖视图(C–C)表达耳板的厚度及其上的通孔。采用局部视图(D)进一步表达圆筒上凸台的形状。

上述表达方案比较清晰简练,便于看图和画图,如图 6.16(b)所示。

【例 6.16】　确定图 6.17(a)所示机件的表达方案。

【分析】

(1)分析机件结构形状。根据机件的视图 6.17(a),读懂该机件的形状。该机件是由底板,大四棱柱、半圆柱、小四棱柱、顶板和前面凸缘六部分左右对称组成。底板上挖切了四个前后、左右对称的通孔;在底板和大四棱柱中间挖切一前后、左右对称的方槽;在半圆柱中间挖切一直径与方槽等长、轴向尺寸与方槽等宽的半圆柱孔;在顶板上自上而下挖切一圆柱孔,与半圆柱孔相通;前面凸缘形状由主视图可见为长圆形,在与凸缘的半圆柱面同轴处挖切一圆柱孔与内表面相通;在后表面挖切一与前表面圆柱孔同轴的小孔;顶板的形状由俯视图可以看出,其立体图如图 6.17(b)所示。

(2)选择主视图。根据机件的结构特点,选用原主视图的投影方向作为主视图的投影方向,由于机件左右对称,主视图(A–A)采用半剖视图以表达机件的内部和外部结构和各部分左右、上下的相对位置,同时采用局部剖视图表达底板上的通孔。

(3)选择其他视图。根据机件的结构特点,采用全剖的俯视图(B–B),侧重表达底板和大四棱柱断面形状、前后表面通孔的情况以及它们左右、前后相对的位置;同时表达了底板上四个通孔的位置。左视图是通过左右对称面采用全剖视图,重点表达顶板和小四棱柱与大半圆柱和大四棱柱前后和上下的相对位置,同时进一步表达了顶板上的竖直圆柱孔与内部结构相通的情况。采用剖视图(C-C)表达顶板和小四棱柱的形状和前后的相对位置。如图6.17(c)所示。

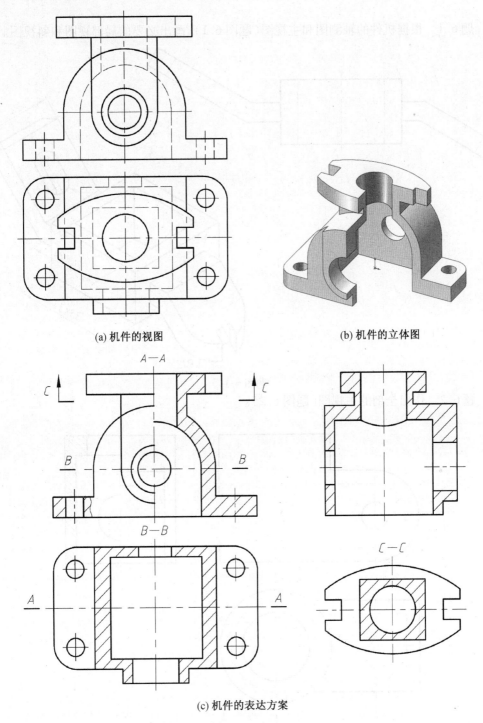

(a) 机件的视图　　　　　　　　(b) 机件的立体图

(c) 机件的表达方案

图 6.17　机件的表达方案分析

6.5 自测习题

题 6.1 根据机件的轴测图和主视图(题图 6.1),画出必要的局部视图和斜视图。

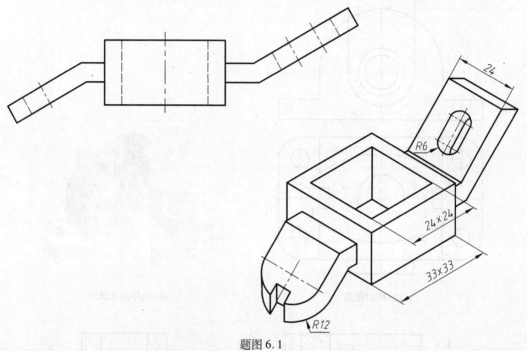

题图 6.1

题 6.2 作出全剖的主视图(题图 6.2)。

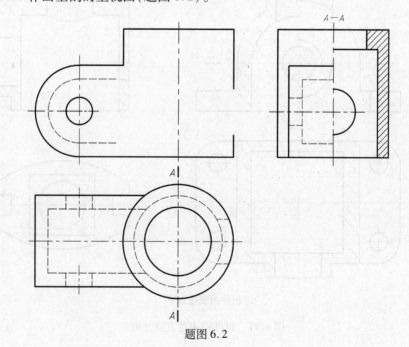

题图 6.2

题6.3 作出题图6.3(a)所示机件的全剖主视图,作出题图6.3(b)所示机件的全剖左视图。

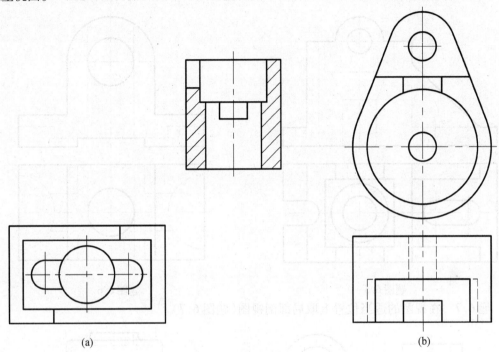

(a)   (b)

题图6.3

题6.4 画出 A−A 及 B−B 剖视图(题图6.4)。

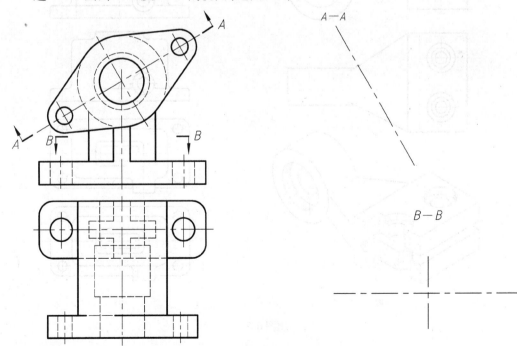

题图6.4

题6.5 将主视图画成全剖视图(题图6.5)。

题6.6 读懂机件的主、俯视图,补出半剖的左视图和半剖的主视图(题图6.6)。

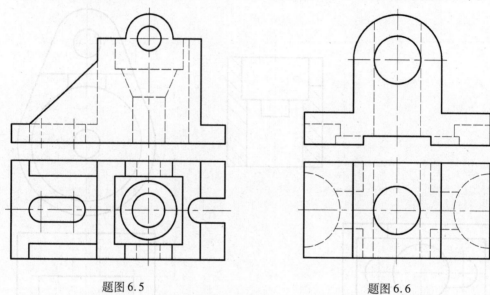

题图6.5   题图6.6

题6.7 在视图的适当位置上取局部剖视图(题图6.7)。

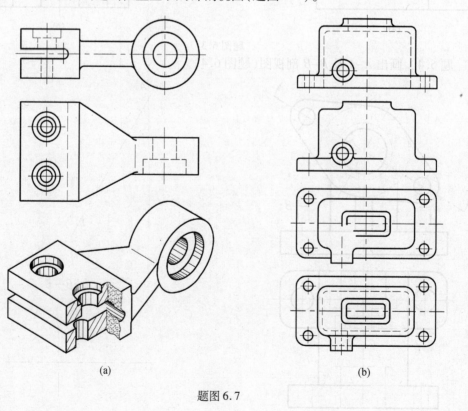

(a)   (b)

题图6.7

题6.8　根据轴测图将主、左视图画成半剖视图,并标注尺寸(题图6.8)。

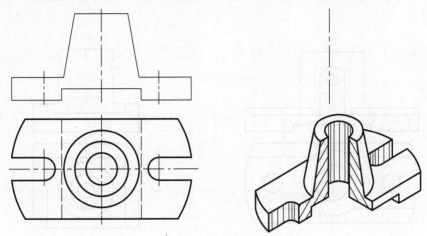

题图6.8

题6.9　补画出剖视图中所漏的可见轮廓线(题图6.9)。

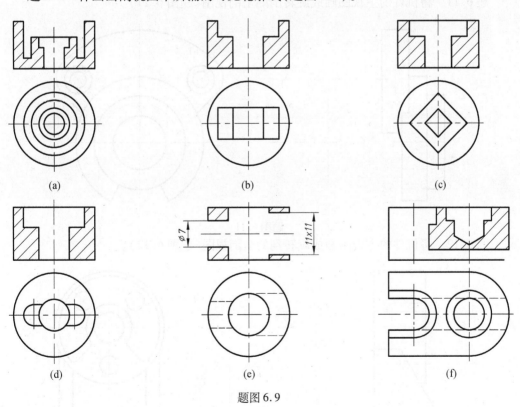

题图6.9

题 6.10 读懂机件的两视图,将主视图画成半剖视图,左视图画成全剖视图(题图6.10)。

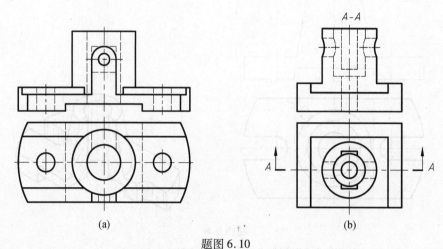

(a)   (b)

题图 6.10

题 6.11 将机件的主视图画成旋转剖的全剖视图(题图 6.11)。

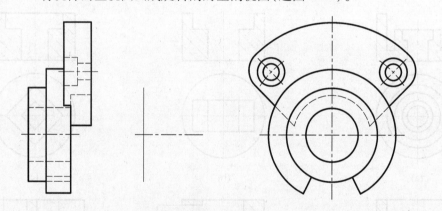

题图 6.11

题 6.12 将机件的主视图画成旋转剖的全剖视图(题图 6.12)。

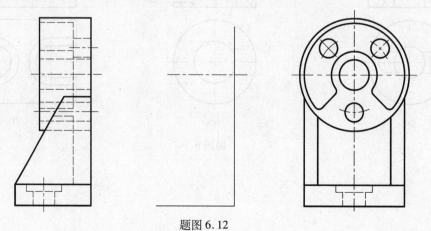

题图 6.12

题 6.13   将机件作 A–A、B–B 的阶梯剖全剖视图（题图 6.13）。

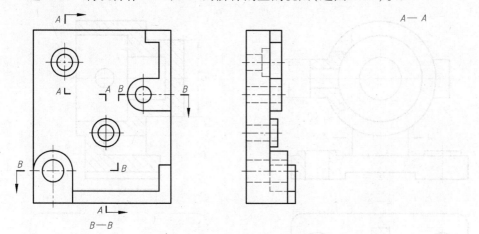

题图 6.13

题 6.14   将机件的左视图画成阶梯剖的全剖视图（题图 6.14）。

题 6.15   看懂机件两视图，将机件的主视图作局部剖视图（题图 6.15）。

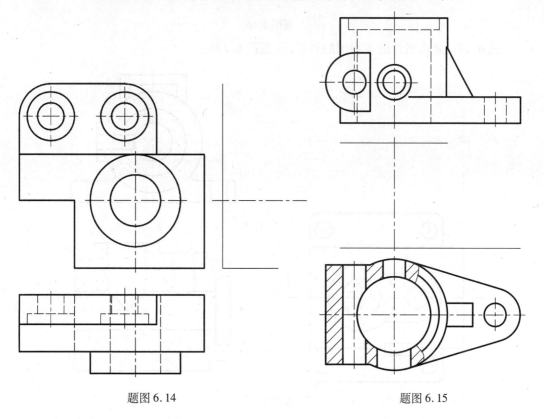

题图 6.14   题图 6.15

题 6.16 　根据给出的剖视图,画出机件俯视图的外形图(题 6.16 图)。

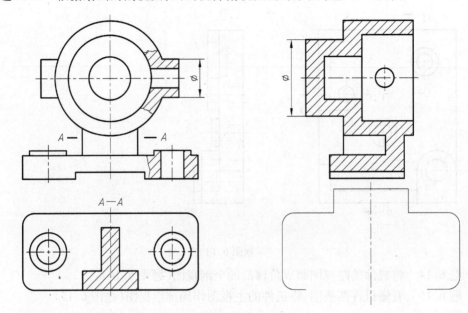

题图 6.16

题 6.17 　画出机件的主视图的外形图(题图 6.17)。

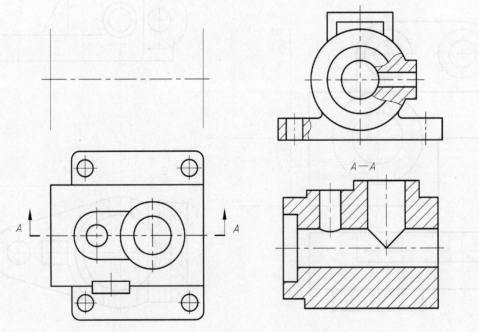

题图 6.17

题 6.18　在指定位置上,画出轴的移出断面图(题图 6.18)。

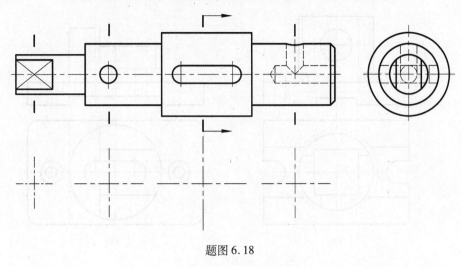

题图 6.18

题 6.19　在视图下方的各断面图中,选出正确的断面图,并在选定的断面图上方和视图中进行标注(题图 6.19)。

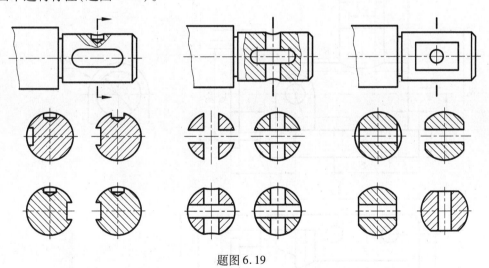

题图 6.19

题 6.20　选择适当的表达方案,画出机件的主、俯、左三视图,并标注尺寸(题图 6.20)。

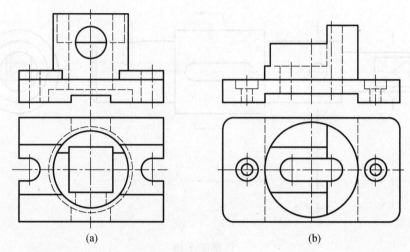

(a)　　　　　　　　　　　　　　(b)

题图 6.20

题 6.21　看懂机件的视图,选择适当的表达方法,完整、准确地表达该机件,并画出左视图的外形图(题图 6.21)。

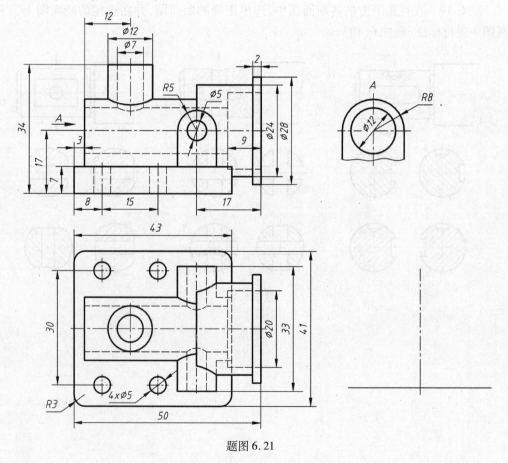

题图 6.21

第7章

标准件与常用件

7.1　基本内容

本章主要介绍国家标准《机械制图》中标准件和常用件的规定画法、简化画法、规定标记和规定标注,基本内容框图如图7.1所示。

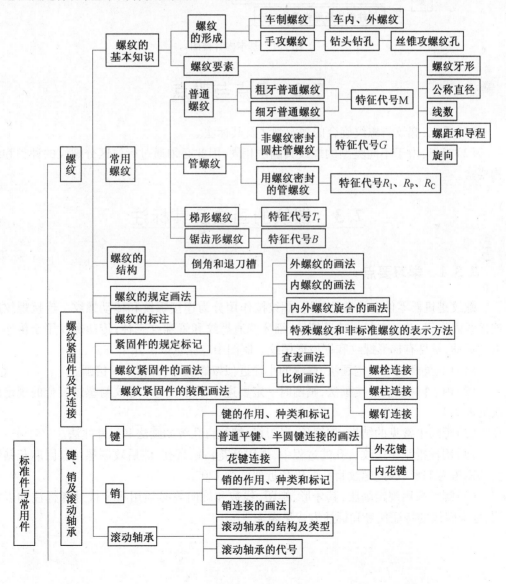

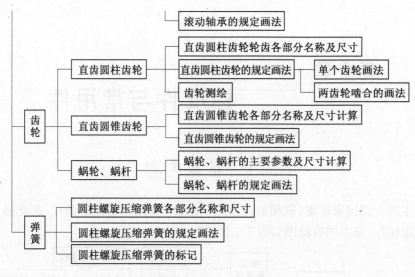

图 7.1　基本内容框图

7.2　重点与难点

（1）重点：螺纹与螺纹旋合的规定画法及其标注。

（2）难点：由于不同类型的螺纹其画法相同，因此必须通过标注区分螺纹的种类和结构要素。

7.3　螺纹的画法及其标注

7.3.1　学习要点

螺纹是机器零件上的常见结构，螺纹按作用分为连接螺纹和传动螺纹。连接螺纹起连接紧固作用，常见有粗牙普通螺纹、细牙普通螺纹和管螺纹三种；传动螺纹用于传递动力和运动，常见有梯形螺纹和锯齿形螺纹。制图中应注意以下几个方面：

（1）内、外螺纹的规定画法，螺纹的小径近似按螺纹大径的 0.85 倍画。

（2）内、外螺纹的连接画法，画图时一定要遵守标准规定。螺纹与螺纹旋合的规定画法见表 7.1。

（3）螺纹上常见的结构，如倒角、退刀槽、螺纹盲孔等的画法和尺寸注法。

（4）用丝锥制作螺纹盲孔的过程中，先用麻花钻钻盲孔，然后攻制螺纹。因麻花钻钻头的锋角为 118°，因此螺纹盲孔的锥角近似画为 120°。

（5）螺纹采用规定画法，其牙形、螺距、线数和旋向等必须用规定代号和标注加以注明，标准螺纹的特征代号和标注方式见表 7.2。

表 7.1　螺纹与螺纹旋合的规定画法

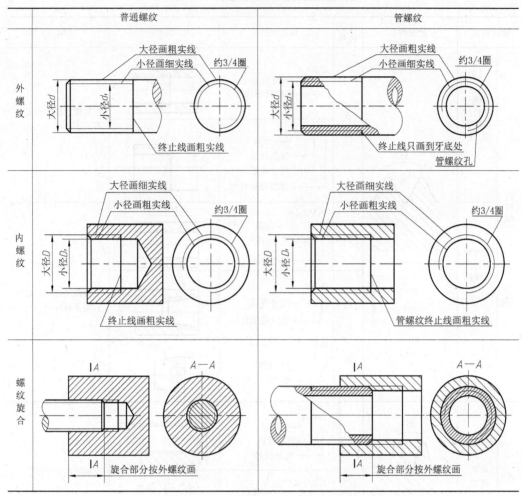

表 7.2　标准螺纹的特征代号和标注方式

螺纹分类	牙型图	特征代号	标注方式	图例	注解
粗牙普通螺纹	60°		M10 └── 公称直径 └── 特征代号		粗牙螺纹不注螺距； 左旋螺纹注"LH"； 右旋不标注
细牙普通螺纹		M	M10x1LH └── 左旋 └── 螺距 └── 公称直径 └── 特征代号		

续表 7.2

螺纹分类		牙型图	特征代号	标注方式	图例	注解
连接螺纹	非螺纹密封的圆柱管螺纹	55°	G	G1/4 └尺寸代号 └螺纹特征代号 / G1/2A-LH └左旋 └等级代号 └尺寸代号 └螺纹特征代号	G1 / G1/2A-LH	左旋螺纹注"-LH"；右旋不标注
	用螺蚊密封的管螺纹		R_p	R_p1/2-LH └左旋 └尺寸代号 └螺纹特征代号	R_p1/2-LH	左旋螺纹注"-LH"；右旋不标注
			R_c	R_c1/2 └尺寸代号 └螺纹特征代号	R_c1/2	
			R_1 R_2	$R_1$1/2 └尺寸代号 └螺纹特征代号	$R_1$1/2	
传动螺纹	梯形螺纹	30°	T_r	T_r40x7 └螺距 └公称直径 └特征代号 / T_r40x14(P7)LH └左旋 └螺距 └导程 └公称直径 └特征代号	T_r40x7 / T_r40x14(P7)LH	左旋螺纹注"LH"；右旋不标注
	锯齿形螺纹	3° 30°	B	B40x7 └螺距 └公称直径 └特征代号 / B40x14(P7)LH └左旋 └螺距 └导程 └公称直径 └特征代号	B40x7 / B40x14(P7)LH	左旋螺纹注"LH"；右旋不标注

7.3.2　例题解析

【例 7.1】　分析外螺纹的错误画法,并改正,如图 7.2 所示。

【分析】　图 7.2(a)~(d)所示外螺纹的画法均有错误,对照直观图 7.2(e),其错误分析如下:

①主视图中倒角漏画螺纹小径细实线;

②小径应画细实线,且左视图中小径应画约 3/4 细实线圆;

③左视图中不画倒角圆的投影;

④主视图中螺纹终止线应画粗实线;

根据以上分析,外螺纹的正确画法如图 7.2(f)所示。

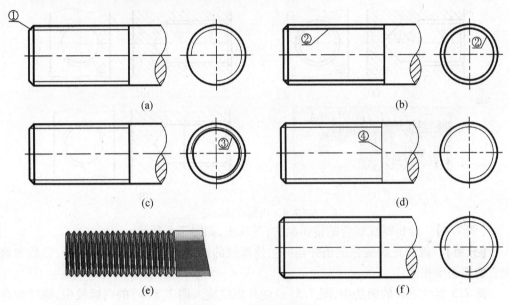

图 7.2　外螺纹的画法

【例 7.2】　分析管螺纹的错误画法,并改正,如图 7.3 所示。

【分析】　图 7.3(a)所示管螺纹的画法中共有 3 处错误,对照直观图 7.3(b),其错误分析如下:

①倒角的前半圆周已剖切掉,后半圆周不画线,应去掉倒角的轮廓线;

②剖面线应画到粗实线处;

③局部剖视图中螺纹终止线应画到小径细实线为止。

根据以上分析,管螺纹的正确画法如图 7.3(c)所示。

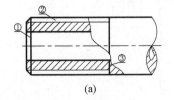
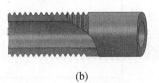
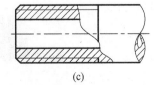

(a)　　　　　　　　　　　(b)　　　　　　　　　　　(c)

图 7.3　管螺纹的画法

【例7.3】　分析内螺纹的错误画法,并改正,如图7.4所示。

【分析】　图7.4(a)、(b)所示内螺纹的画法共有6处错误,对照直观图7.4(c),其错误分析如下:

①内螺纹大径应画细实线;

②左视图大径应画3/4细实线圆;

③剖面线应画至粗实线处;

④锥角应画成120°;

⑤光孔与120°锥角交界处漏画粗实线;

⑥主视图中120°锥角应从小径画起。

根据以上分析,内螺纹的正确画法如图7.4(d)所示。

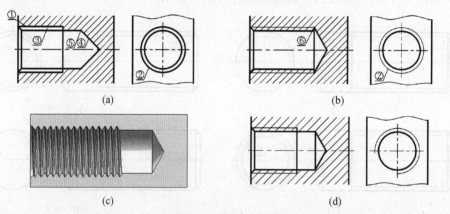

图7.4　内螺纹的画法

【例7.4】　分析螺纹旋合的错误画法,并改正,如图7.5所示。

【分析】　螺纹正确旋合的条件是:内、外螺纹的螺纹牙型、公称直径、螺距、线数和旋向五要素必须相同。

图7.5螺纹旋合的画法中,图7.5(a)的外螺纹旋入图7.5(b)的内螺纹中,螺纹旋合示意如图7.5(c)所示。图7.5(d)共有3处错误,正确画法如图7.5(e)所示,其错误画法分析如下:

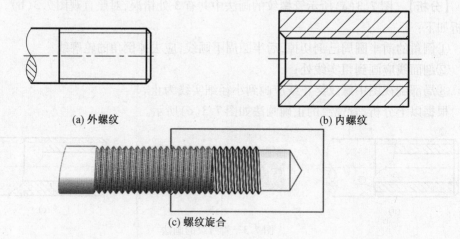

(a) 外螺纹　　　　　　　　　　　　　　　　(b) 内螺纹

(c) 螺纹旋合

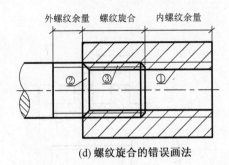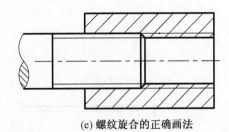

(d) 螺纹旋合的错误画法　　　　　(e) 螺纹旋合的正确画法

图 7.5　螺纹旋合的画法

①螺纹旋合的画法,其内、外螺纹的大径、小径均应相同,此时应修正内螺纹小径;

②内螺纹倒角被外螺纹遮挡后不画,应去掉;

③螺纹旋合区应按外螺纹画,外螺纹不剖,应去掉螺纹旋合区的剖面线。

根据以上分析,螺纹旋合的正确画法如图 7.5(e)所示。

【例 7.5】　标准螺纹的标注。

无论是连接螺纹还是传动螺纹,均采用规定画法,其类型和螺纹要素必须用规定代号和标注加以注明。需要注意的是,管螺纹标注一律采用引线标注。具体实例如图 7.6所示。

(1)普通螺纹为粗牙,大径 20,螺距 2.5,单线,右旋,螺纹公差带代号 6 g;

(2)管螺纹为非螺纹密封的圆柱管螺纹,尺寸代号 1/2,中径公差等级为 A 级,左旋;

(3)梯形螺纹为双线螺纹,其公称直径为 40,导程 14,螺距 7,左旋;

(4)锯齿形螺纹为单线螺纹,其公称直径为 40,螺距 7,右旋。

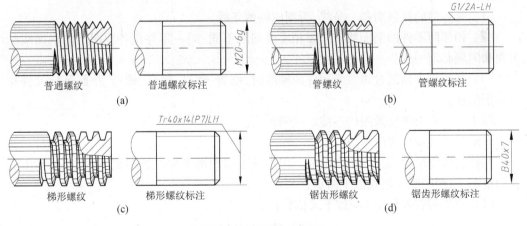

普通螺纹　　普通螺纹标注　　　　管螺纹　　管螺纹标注

(a)　　　　　　　　　　　　　　　(b)

梯形螺纹　　梯形螺纹标注　　　锯齿形螺纹　　锯齿形螺纹标注

(c)　　　　　　　　　　　　　　　(d)

图 7.6　标准螺纹的标注

【例 7.6】　特殊螺纹与非标准螺纹的标注。

(1)牙型符合标准,直径或螺距不符合标准的螺纹称为特殊螺纹,应在特征代号前加注"特"字,并标出大径和螺距。例:普通螺纹,其公称直径为 24,粗牙螺距为 3,细牙螺距分别为 2、1.5、1、0.75,若螺距不符合标准为 1.25,其标注如图 7.7(a)所示。

(2)绘制非标准的螺纹时,应画出螺纹的牙型,并注出所需要的尺寸及有关要求,如

图 7.7(b)所示为矩形螺纹的尺寸标注。

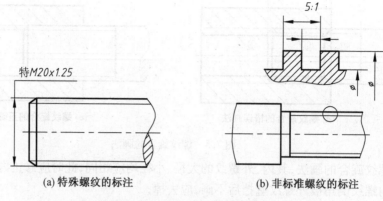

(a) 特殊螺纹的标注　　　　　　　(b) 非标准螺纹的标注

图 7.7　特殊螺纹与非标准螺纹的标注

7.4　螺纹紧固件及其连接

常见的螺纹紧固件有螺栓、螺母、螺柱、螺钉及垫圈等,它们均为标准件。螺纹紧固件连接有三种形式:螺栓连接、双头螺柱连接和螺钉连接。

7.4.1　学习要点

画螺纹紧固件连接装配图时,不仅应掌握各种标准件和标准结构的画法,还应遵守以下规定:

(1) 两零件的接触面画一条线,否则应画两条线。

(2) 相邻两零件的剖面线方向要相反或间隔不同;同一零件在各视图上的剖面线的方向和间隔必须一致。

(3) 当剖切平面通过螺纹紧固件的轴线时,螺栓、螺柱、螺钉、螺母、垫圈等标准件均按不剖绘制。

图 7.8 所示为螺纹紧固件连接的比例画法。

1. 螺栓连接装配图的画法

螺栓连接由螺栓、螺母、垫圈组成。用于被连接的两个零件的厚度不大,容易钻出通孔的情况下,画图时应注意以下两点:

(1) 螺栓的有效长度 l 应按下式估算:

$$l=\delta_1+\delta_2+h+m+a$$

即

$$l=\delta_1+\delta_2+0.15d(垫圈厚)+0.8d(螺母厚)+(0.2\sim0.3)d$$

其中,a 是螺栓末端的伸出长度。然后根据估算的数值查国标中螺栓的有效长度 l 的系列值,选取一个相近的标准数值。

(2) 因上、下板连接孔加工时的加工误差可能造成装配困难,为此上、下板连接孔的孔径总比螺栓的螺纹大径略大些,画图时按 $d_h=1.1d$ 画出。同时,螺栓上的螺纹终止线应低于通孔的顶面,以显示拧紧螺母时有足够的螺纹长度,如图 7.8(a)所示。

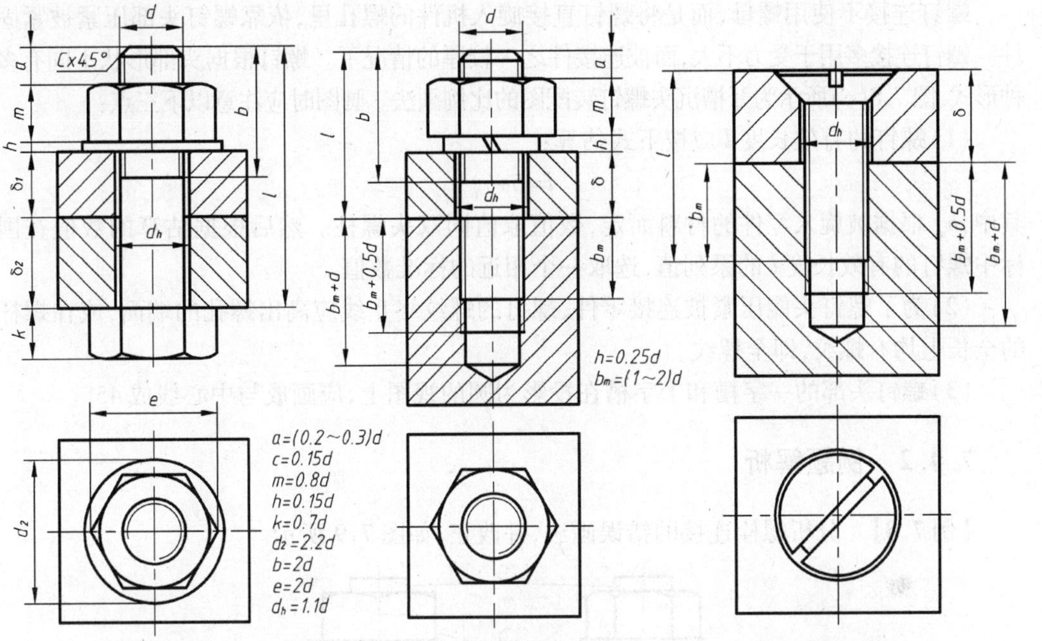
d
Cx45°
a
m
h
b
l
δ₁
δ₂
dh
k
e
d₂
a=(0.2~0.3)d
c=0.15d
m=0.8d
h=0.15d
k=0.7d
d₂=2.2d
b=2d
e=2d
dh=1.1d
bm+d
bm+0.5d
bm
δ
h=0.25d
bm=(1~2)d

(a) 螺栓连接　(b) 螺柱连接　(c) 螺钉连接

图 7.8　螺纹紧固件连接的比例画法

2. 双头螺柱连接装配图的画法

螺柱连接由双头螺柱、螺母和垫圈组成。连接时,一端直接旋入被连接零件的螺孔中,另一端用螺母拧紧。双头螺柱连接多用于被连接件的其中一个零件较厚,不适于钻成通孔或不能钻成通孔时。在变载荷或连续冲击或振动载荷下,螺纹连接常会自动松脱,这样很容易引起机器或部件不能正常使用,甚至发生严重事故。因此在使用螺纹紧固件进行连接时,有时需要用弹簧垫圈或双螺母进行防松,如图 7.8(b)所示采用了弹簧垫圈。画图时应注意下列三点:

(1) 双头螺柱的有效长度 l 应按下式估算:

$$l=\delta+h+m+a$$

即

$$l=\delta+0.25d(\text{垫圈厚})+0.8d(\text{螺母厚})+(0.2\sim0.3)d$$

其中,a 是螺柱紧固端的伸出长度。然后根据估算的数值查国标中双头螺柱的有效长度 l 的系列值,选取一个相近的标准数值。

(2) 双头螺柱旋入机件的长度 b_m 的数值与机件的材料有关。对于钢和青铜 $b_m=d$,对于铸铁 $b_m=1.5d$,对于铝 $b_m=2d$,且 b_m 端应全部旋入机件的螺孔内,所以螺纹终止线应与两机件接触面平齐。

(3) 弹簧垫圈是一个开有斜口、形状扭曲具有弹性的垫圈。当螺母拧紧后,弹簧垫圈受压变平产生弹力,作用在螺母和机件上,使摩擦力增大,这样可以防止螺母自动松脱。画图时,应注意斜口方向的画法。

3. 螺钉连接装配图的画法

螺钉连接不使用螺母,而是将螺钉直接旋入机件的螺孔里,依靠螺钉头部压紧被紧固件。螺钉连接多用于受力不大,而被连接件之一较厚的情况下。螺钉根据头部形状不同有多种形式,图7.8(c)所示为开槽沉头螺钉装配图的比例画法。画图时应注意以下三点:

(1)螺钉的有效长度 l 应按下式估算:

$$l = \delta + b_m$$

其中,b_m 根据被旋入零件的材料而定,数值取值同双头螺柱。然后根据估算的数值查国标中螺钉的有效长度 l 的系列值,选取一个相近的标准数值。

(2)为了螺钉头能压紧被连接零件,螺钉的螺纹终止线应高出螺孔的端面,或在螺杆的全长上均有螺纹,即全螺纹。

(3)螺钉头部的一字槽和十字槽在投影为圆的视图上,应画成与中心线成45°。

7.4.2   例题解析

【例7.8】   分析螺栓连接的错误画法,并改正,如图7.9所示。

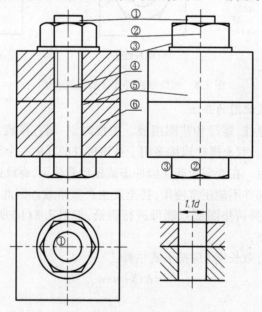

图7.9   螺栓连接的错误画法

【分析】   图7.9所示为螺栓连接的错误画法,对照图7.10螺栓连接直观图,具体错误分析如下:

①螺栓杆超出部分漏画小径细实线;

②漏画螺母棱线的投影;

③螺母和螺栓头部的俯视图、左视图应该宽相等;

④螺纹终止线应画粗实线;

⑤螺栓连接的两零件的孔均为通孔,应按 $1.1d$ 画出两条粗实线,此处漏画了 $1.1d$ 孔

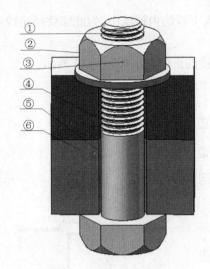

图 7.10　螺栓连接直观图

的投影;

⑥螺栓连接相邻两零件剖面线方向应相反。

根据以上分析,螺栓连接的正确画法如图 7.11 所示。

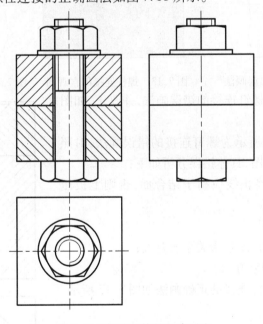

图 7.11　螺栓连接的正确画法

【例 7.9】　分析螺柱连接的错误画法,并改正,如图 7.12 所示。

【分析】　图 7.12 所示为螺柱连接的错误画法,对照图 7.13 螺柱连接的直观图,具体错误分析如下:

①弹簧垫圈的开槽方向画反了;

②螺柱连接的上板为通孔,其大小为 $1.1d$,此处漏画孔的两条粗实线;

③螺柱的 b_m 应完全旋入下板的内螺纹中,为此螺纹终止线应与两板分界面平齐;

④盲孔锥角应画 120°。

根据以上分析,螺柱连接的正确画法如图 7.14 所示。

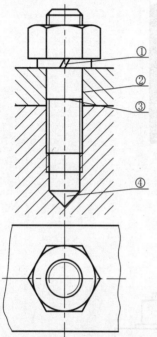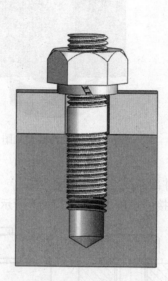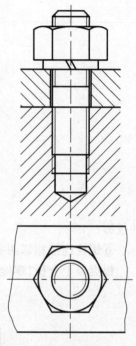

图 7.12　螺柱连接的错误画法　　图 7.13　螺柱连接的直观图　　图 7.14　螺柱连接的正确画法

【例 7.10】　分析螺钉连接的错误画法,并改正,如图 7.15 所示。

【分析】　图 7.15 所示为螺钉连接的错误画法,对照图 7.16 螺钉连接直观图,具体错误分析如下:

①螺纹的外螺纹终止线应高于结合面,否则上板压不紧;

②内螺纹画法错误;

③上板锥孔主、俯视图投影关系误差大;

④一字槽应画成 45°方向。

根据以上分析,螺钉连接的正确画法如图 7.17 所示。

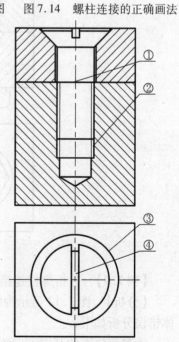

图 7.15　螺钉连接的错误画法

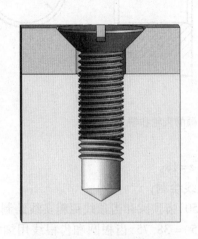

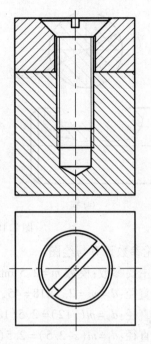

图 7.16　螺钉连接的直观图　　　图 7.17　螺钉连接的正确画法

7.5　键、销及齿轮

键连接是一种常用的可拆卸连接,用于将轴和轴上的零件进行连接,如带轮和齿轮等。键连接装配时,将键嵌入轴上的键槽中,再将带有键槽的齿轮安装在轴上,当轴转动时,带动齿轮同步转动,实现传递运动的目的。

销连接用于传递不大的载荷,或作为定位和安全保护零件。常用的销有圆柱销、圆锥销和开口销等。

7.5.1　学习要点

(1)画键连接装配图和带键槽的零件图时,必须根据轴和孔的直径查阅相应的国家标准来确定键和键槽的尺寸,见例 7.11 所示。

(2)画标准齿轮啮合图时,一对齿轮的分度圆必须相切,甲齿轮的齿顶圆与乙齿轮的齿根圆之间应该有不小于 0.25 m 的间隙,见例 7.12 所示。

7.5.2　例题解析

【例 7.11】　已知齿轮和轴的部分结构,如图 7.18 所示,用 A 型普通平键将其连接。

【作图步骤】　(1)查表确定键和键槽的尺寸:

根据轴的直径 $\phi20$,查普通平键(GB/T1095)国标可知,键尺寸为 6×6,键的长度为 18,按正常连接的轴的键槽尺寸及标注如图 7.19(a)所示;

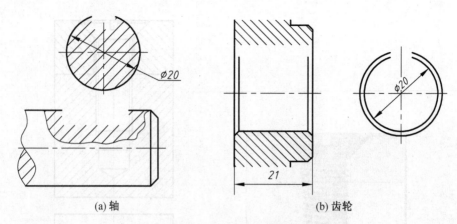

(a) 轴　　　　　　　　　　　　　　　　(b) 齿轮

图 7.18　待补画的齿轮和轴

（2）齿轮参数计算与绘图：

齿轮的主要参数：模数 $m = 2.5$ mm，齿数 $z = 18$。

分度圆直径：$d = mz = 2.5 \times 18 = 45$，用点画线绘制；

齿顶圆直径：$d_a = m(z+2) = 2.5(18+2) = 50$，齿顶圆和齿顶线用粗实线绘制；

齿根圆直径：$d_f = m(z-2.5) = 2.5(18-2.5) = 38.75$，齿根圆和齿根线用细实线绘制，在通过轴线剖切的剖视图上，轮齿部分按不剖处理，齿根线用粗实线绘制。

直齿圆柱齿轮的主、左视图如图 7.19(b) 所示。

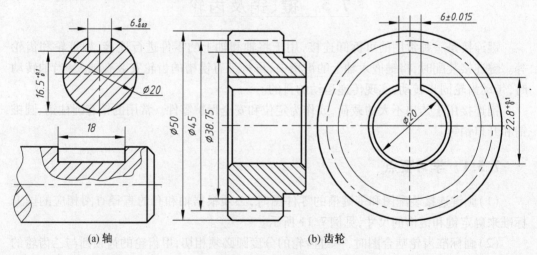

(a) 轴　　　　　　　　　　　　　　　　(b) 齿轮

图 7.19　齿轮和轴

（3）键连接的画法。

键与轴上的键槽底面和两侧面均为接触面，只画一条线；键的顶面与轮毂槽底面有间隙，必须画出两条线；相邻两零件的剖面线方向应相反或间隔不同。键的连接画法如图 7.20 所示。

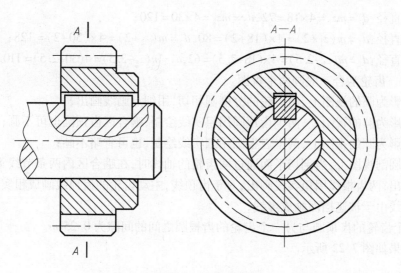

图 7.20　键连接的画法

【例 7.12】　完成标准直齿圆柱齿轮的啮合图。

已知一对标准直齿圆柱齿轮啮合传动,两齿轮的齿数分别为 $z_1 = 18$ 和 $z_2 = 30$,中心距 $a = 96$,完成图 7.21 所示齿轮的啮合图。

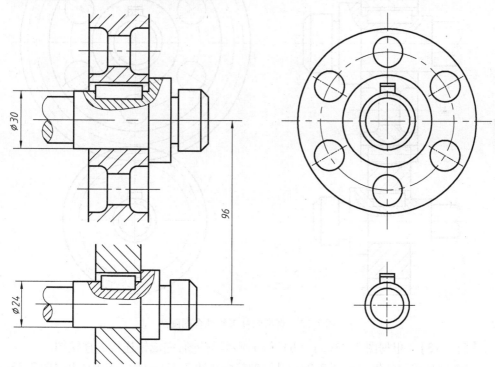

图 7.21　直齿圆柱齿轮啮合

【计算】　求两齿轮分度圆直径、齿顶圆直径和齿根圆直径。

由 $a = m(z_1 + z_2)/2$, $a = 96$, $z_1 = 18$, $z_2 = 30$,得 $m = 4$;

分度圆直径：$d_1 = mz_1 = 4 \times 18 = 72$，$d_2 = mz_2 = 4 \times 30 = 120$；

齿顶圆直径：$d_1 = m(z_1 + 2) = 4 \times (18 + 2) = 80$，$d_2 = m(z_2 + 2) = 4 \times (30 + 2) = 128$；

齿根圆直径：$d_1 = m(z_1 - 2.5) = 4 \times (18 - 2.5) = 62$，$d_2 = m(z_2 - 2.5) = 4(30 - 2.5) = 110$。

【作图】　齿轮啮合一般画两个视图。

（1）投影为圆的视图上，两齿轮的分度圆相切，用细点画线画出；

（2）投影为圆的视图上，两个齿顶圆用粗实线绘制，啮合区齿顶圆也可不画；

（3）投影为圆的视图上，两个齿根圆用细实线绘制，也可省略不画；

（4）非圆剖视图上，当剖切平面通过两齿轮的轴线时，在啮合区内两条节线重合并用细点画线画出；两齿根线用粗实线画出；对于齿顶线，主动齿轮的齿顶线画成粗实线，被动齿轮的齿顶线由于被遮挡而画成虚线；

（5）一个齿轮的齿顶圆与另一个齿轮的齿根圆之间的间隙为 0.25 m。

作图结果如图 7.22 所示。

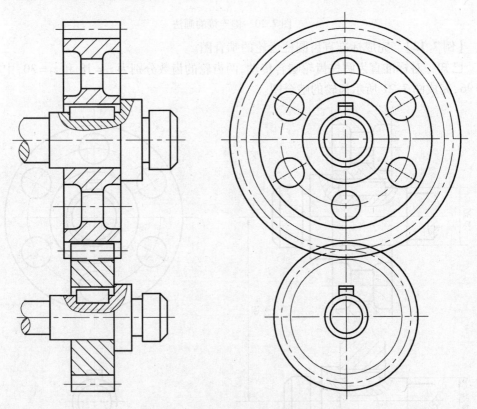

图 7.22　直齿圆柱齿轮啮合图画法

【例 7.13】　根据图 7.23（a）、（b）、（c）所示零件图，完成销连接的连接图。

本例题采用圆柱销。将图 7.23（b）的轴装配至图 7.23（a）的齿轮中，再将图 7.23（c）的圆柱销插入完成连接，如图 7.23（d）所示。

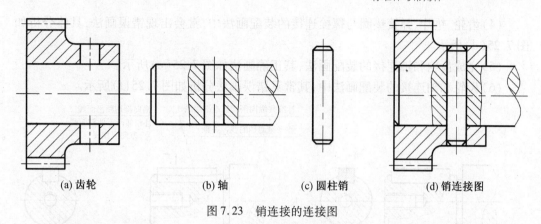

(a) 齿轮　　　　　　(b) 轴　　　　　(c) 圆柱销　　　　　(d) 销连接图

图7.23　销连接的连接图

【例7.14】　用如图7.24所示的键、螺栓等标准件实现齿轮和轴的连接,绘出连接装配图并分析易犯的错误。

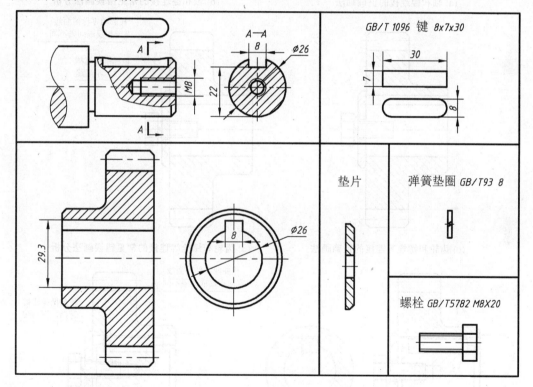

图7.24　齿轮和轴连接的相关零件

【作图步骤】

(1)键装入轴上的键槽中,键的两个侧面是工作面,在装配图中,键与键槽底面、键与键槽侧面之间应不留间隙,其正确画法如图7.25(a)所示。

(2)键装入轴上的键槽中,常会出现错误画法,具体分析如图7.25(b)所示。

(3)完成齿轮、垫片、弹簧垫圈与螺栓连接的装配画法,其正确画法如图7.25(c)所示。

（4）齿轮、垫片、弹簧垫圈与螺栓连接的装配画法中，常会出现错误画法，具体分析如图 7.25（d）所示。

（5）完成齿轮和轴连接的装配画法，其正确画法如图 7.25（e）所示。

（6）齿轮和轴连接的装配画法中，其常见错误画法分析如图 7.25（f）所示。

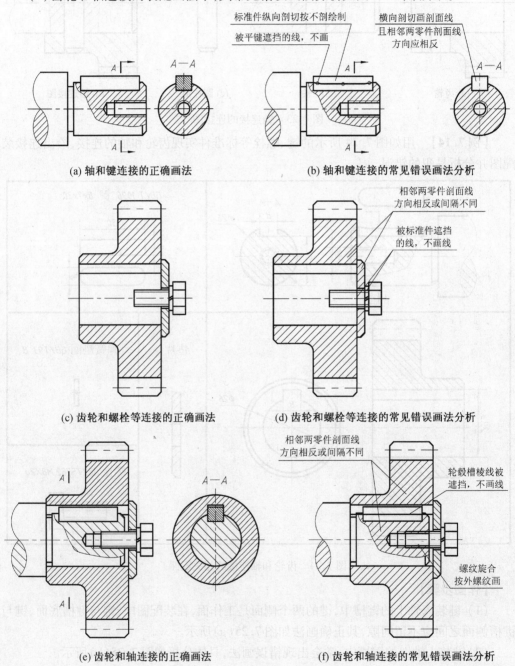

(a) 轴和键连接的正确画法　　　　　(b) 轴和键连接的常见错误画法分析

(c) 齿轮和螺栓等连接的正确画法　　　　(d) 齿轮和螺栓等连接的常见错误画法分析

(e) 齿轮和轴连接的正确画法　　　　(f) 齿轮和轴连接的常见错误画法分析

图 7.25　齿轮和轴的连接

7.6 自测习题

题7.1 画出螺纹连接图的断面图(题图7.1)。

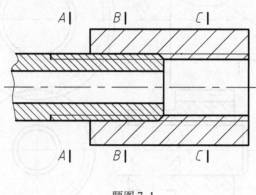

题图7.1

题7.2 题图7.2中为一管夹,用左图所示螺栓连接件将四根管子紧固,在右图上完成螺栓连接的主、俯两视图。

题7.3 分析图中画法的错误,绘制正确的连接图(题图7.3)。

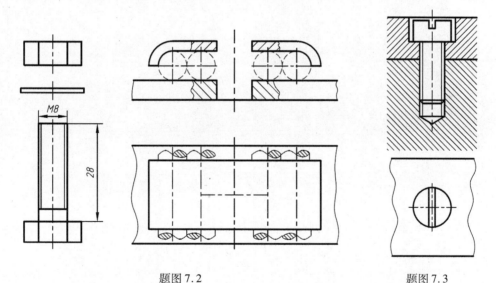

题图7.2   题图7.3

题7.4 齿轮1(齿宽为19 mm)与轴用 A 型普通平键(GB/T 1096 键 6×6×16)连结,齿轮2 用圆柱销(GB/T 119.1 4 m 6×22)与轴连接,补出全剖的主视图及左视图中的漏线(题图7.4)。

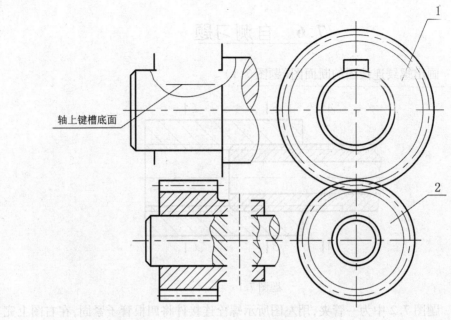

轴上键槽底面

题图 7.4

第8章

零件图

8.1 基本内容

本章主要介绍了零件图的相关内容,基本内容框图如图8.1所示。

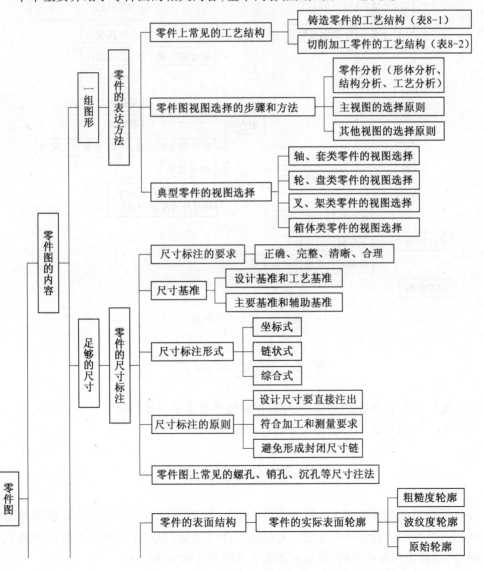

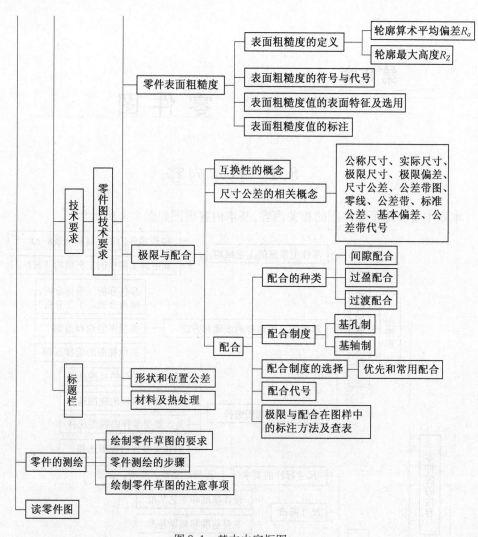

图 8.1　基本内容框图

8.2　重点与难点

(1)重点:零件图的视图选择、尺寸标注和技术要求的识读与标注。
(2)难点:零件的表达方法和尺寸的合理标注。

8.3　学习要点

　　零件是机器或部件中的不可拆分的最小单元,机器或部件中任何一个零件质量的好坏都将影响机器的质量和使用性能。为保证零件的质量,生产中必须依据图样来进行加工和检验,这种表示零件结构、大小及技术要求的图样称为零件图。
　　零件在机器或部件中具有一定的功能,为了满足设计要求而构造的体积较大的基本形体及其相对关系称为主体结构;为满足设计要求,实现传动、连接等特定功能,在主体结构之上制造出的局部结构称为局部功能结构(如螺纹、键槽、花键槽、销孔等);为了满足工艺要求,保证加工和装配质量而构造的较小结构称为工艺结构(常见的工艺结构见表8.2)。因此,零件可以看作是由抽象成组合体的主体结构叠加局部功能结构和工艺结构而成。零件图的表达、尺寸标注以及读图等问题应在组合体的分析方法基础上考虑零件的功能、工艺结构和技术要求。本章学习中,要围绕零件图的四部分内容(一组图形、足够的尺寸、技术要求和标题栏)与组合体相关内容做比较,分析两者相同点与不同点,加深对零件图特点的理解,综合应用组合体画图、读图方法,机件表达方法,螺纹和常见工艺结构等相关知识。

8.3.1 零件视图的选择方法

1. 零件分析

(1)结构分析。分析零件的作用、结构特点及其在部件或机器中的装配位置,明确零件的主体结构、局部功能结构和工艺结构。

(2)工艺分析。分析零件的加工、检验及装配方法和要求,明确零件的工艺结构。

(3)形体分析。分析零件的主体结构由哪些基本形体组成及其相对位置,以及各表面的相对位置关系。

在上述分析的基础上,应用各种机件表达方法完整、清晰地表达零件的结构形状。

2. 选择主视图

主视图的选择原则:应遵循形状特征原则、加工位置原则、工作位置原则和整体布图合理。

注意 上述原则有时兼顾统一、令人满意,但有时相互矛盾,应综合比较、分析,选取综合效果较好的方案。按加工位置选择主视图,零件加工时看图方便;按工作位置选择主视图,便于想象零件在部件或机器中的工作状态。当两者发生矛盾时,应优先考虑零件的工作位置。

3. 选择其他视图

其他视图的选择原则:配合主视图,在完整、清楚地表达零件各部分结构形状的前提下,力求简单明了,视图数量较少。

(1)表达方法要恰当。要兼顾零件内外形状的完整,尽量优先选取基本视图和基本视图上取剖视,只是那些在基本视图上未能表达清楚的部分,才选用局部视图、斜视图或局部剖视图。对于局部视图、斜视图、斜剖视图等分散表达的图形,若处于同一个方向,可以适当地集中和结合起来表达,以免重复,主次不分,不利于读图。

(2)选择视图数量要恰当。要有足够的视图,以便充分表达零件各部分形状和结构,但不要重复,在表达清楚的前提下,视图的数量尽量少。

(3)合理布置各视图。既要充分利用图纸幅面,又要按投影关系使视图布局紧凑。

每个零件在机器或部件中的作用不同,其结构形状多种多样,根据零件的作用和结构特点的共性,可将专用零件分为轴套类、轮盘盖类、叉架类和箱体类四类典型零件,表达方法见表8.1。在选择零件的表达方案时,既要掌握基本原则和方法,又可以参考多年实践基础上形成的典型零件的视图表达方法加以模仿,从而在绘图实践中逐步提高零件表达能力,具体内容参见例8.1~例8.2。

表8.1　典型零件的表达方法

零件	表 达 方 法	图　　例
轴套类零件	主视图:按加工位置原则和形状特征原则选择非圆视图作为主视图,即一般将轴线水平放置,通常选用一个基本视图表达轴套类零件的主体结构,套类零件内部中空,可根据具体结构选择适当的剖视 其他视图:其他未表达清楚的结构,常用断面图、局部剖视或局部放大等表达方法	
轮盘盖类零件	主视图:按加工位置原则选择轴线水平放置的非圆视图为主视图。主视图多为轴向剖视图,侧重表达轴向的内部结构形状,常采用单一剖、旋转剖或阶梯剖等剖切方法作出全剖主视图 左视图:通常为视图,用于表达外形轮廓和径向孔、肋、齿、槽的分布情况 其他视图:一般选择主、左两个视图。其他未能表达清楚的细节,可以采用局部剖视、断面图和局部放大等表达方法	
叉架类零件	主视图:按工作位置原则和形状特征原则选择主视图。若工作位置不固定或倾斜,将其摆正(按自然安放位置)后画主视图。主视图常用局部剖视表达主体外形和局部内形,其上的肋板剖切采用规定画法 其他视图:叉架类零件通常需要两个或两个以上的基本视图,并多用局部剖视兼顾内外形表达。叉架类零件的倾斜结构常用斜视图、斜剖视或断面图等表达。零件采用适当分散表达的较多	
箱体类零件	主视图:按工作位置原则和形状特征原则选择主视图 其他视图:箱体类零件一般需要三个或三个以上的基本视图,并采用适当的剖视表达。对局部结构常采用局部视图、局部剖视图或断面图等来表达	

　　零件常见工艺结构的作用和尺寸标注方法见表 8.2,了解此部分内容将有助于绘制和阅读零件图。

表 8.2　常见工艺结构的作用及其尺寸标注方法

零件结构	标 注 方 法	作用与标注说明
铸造圆角	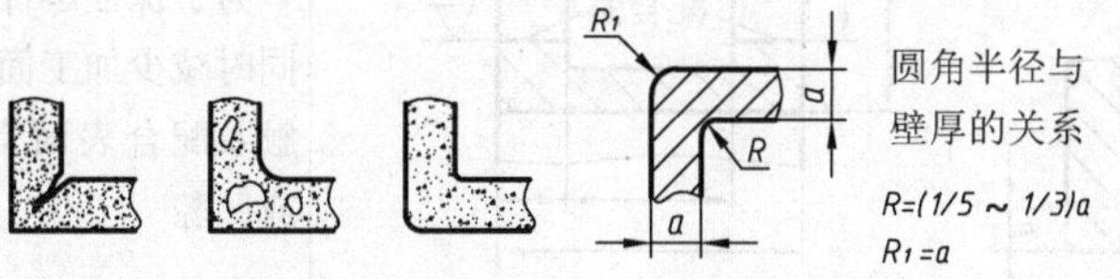 (a)裂纹　(b)缩孔　(c)合理　(d)标注　圆角半径与壁厚的关系　$R=(1/5 \sim 1/3)a$　$R_1=a$	在转角处,为了防止砂型形成落砂、铸件冷却时产生裂纹或缩孔而做成圆角。圆角半径一般标注在技术要求中,也可直接标注在图形上
拔模斜度	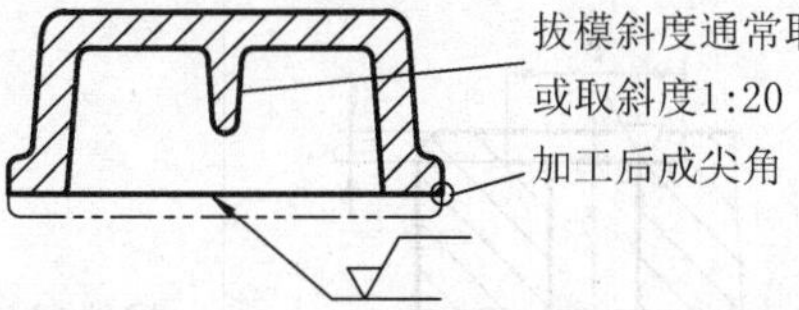 拔模斜度通常取 1°～3°或取斜度 1:20　加工后成尖角	铸件造型时,为了拔模方便,在铸件的内外壁沿起模方向做成斜度。在零件图中一般省略不画、不标注
铸件壁厚要均匀	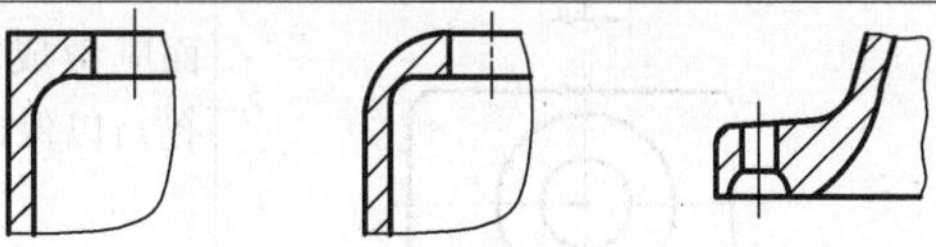 (a)不正确 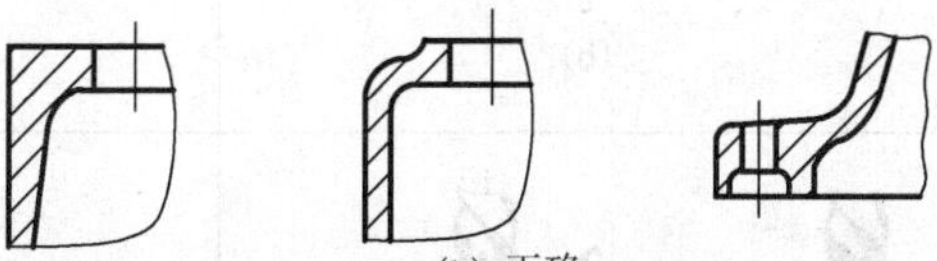　(b)正确	为了保证铸件质量,防止产生缩孔和裂纹,铸件壁厚要均匀,避免突然改变壁厚和局部肥大
过渡线	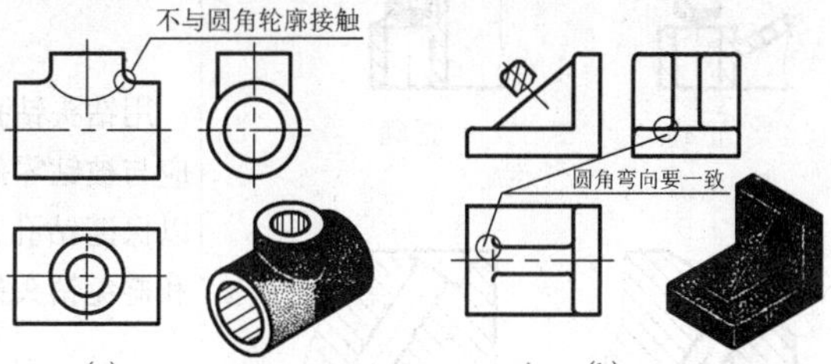 不与圆角轮廓接触　(a)　圆角弯向要一致　(b) 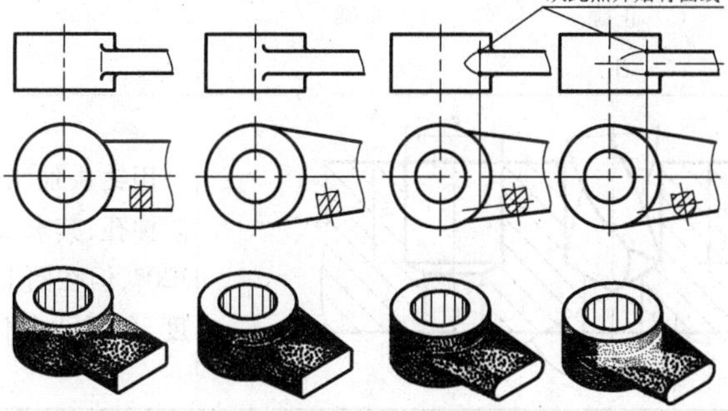　从此点开始有曲线　(c)　(d)	铸件上由于存在铸造圆角,使铸件表面的交线变得不明显,此交线即为过渡线,过渡线用细实线画

续表 8.2

零件结构	标 注 方 法		作用与标注说明
减少加工面积的结构	(a)	(b) 配合面	为了保证零件接触良好,同时减少加工面积,零件接触及配合表面常做出凹槽或凹腔
凸台和凹坑	(a)	(b)	螺纹紧固件连接的支承面应做成凸台或凹坑(沉孔),以保证接触良好
钻孔结构	不允许 正确 正确 (a) 不允许 正确 正确 (b)		用钻头钻孔时,钻头轴线应与被钻零件的表面垂直,以保证钻孔位置的准确性和避免钻头折断
台阶孔	120° 120°		用钻头加工的不通孔或阶梯孔,其末端锥孔应画成120°,但在图上不必标注角度,孔深尺寸不包括锥孔

续表8.2

零件结构	标 注 方 法	作用与标注说明
倒角	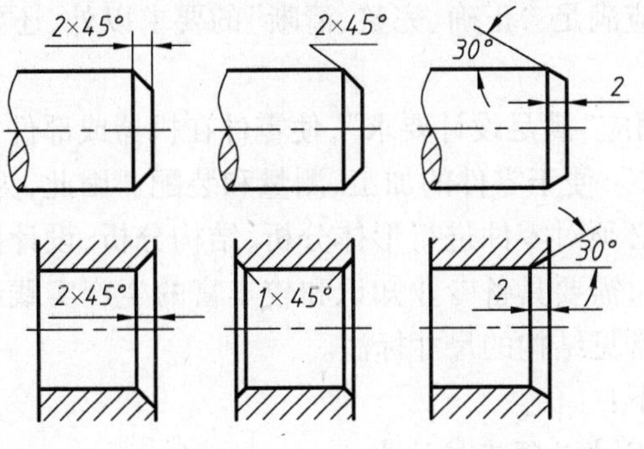 (a)　　　(b) 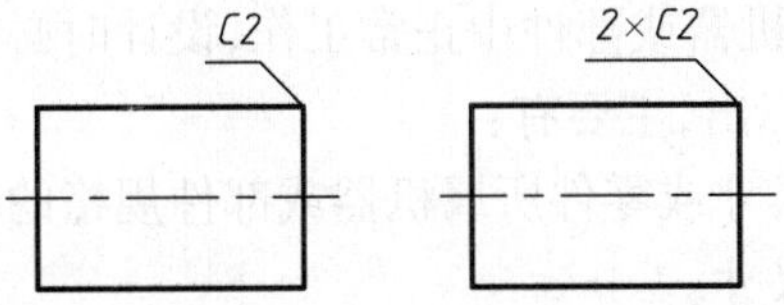　　　(c)	为了便于装配和操作安全,常在轴或孔的端面制成倒角 45°倒角可按图(a)所示方式标注尺寸;非45°倒角可按图(b)所示方式标注尺寸;图(c)所示为不画出倒角,而用"C"表示"45°倒角",如"2×45°"写成"C2"即可,若轴两端倒角则写成2×C2
倒圆	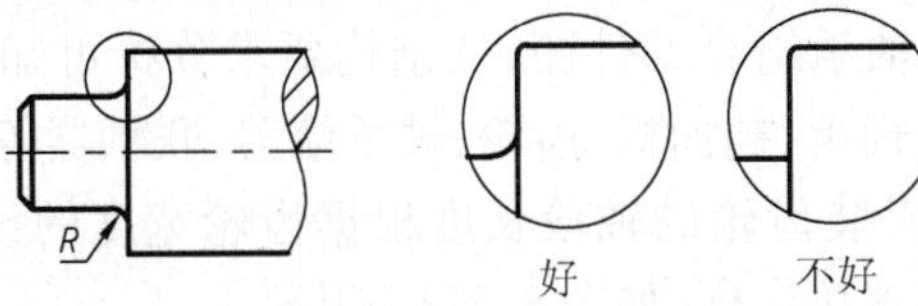 好　　不好	为了避免形成应力集中,在轴肩处常制成倒圆 倒圆半径一般直接标注在图中
退刀槽	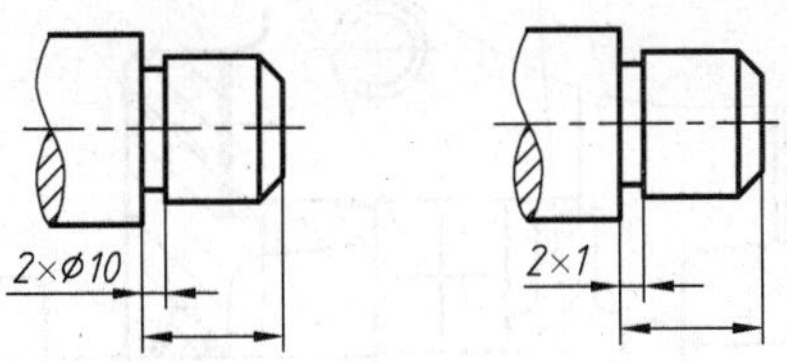 (a)　　　(b)	车螺纹和磨削时,为了便于退出刀具或使砂轮可稍微越过加工面,常在加工面的适当位置预先加工出退刀槽或砂轮越程槽 图(a)所示为"槽宽×直径"标注退刀槽的大小;图(b)所示为"槽宽×槽深"标注退刀槽的大小
越程槽	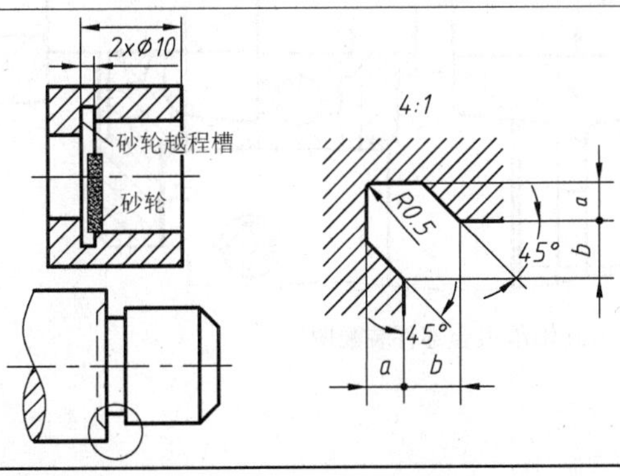	砂轮越程槽常用局部放大图表示,其尺寸数值可查零件手册

8.3.2　零件图的尺寸标注

零件图上的尺寸标注除了应满足"正确、完整、清晰"的要求以外,还要满足标注"合理"的要求。

尺寸标注"合理",即一方面应"满足设计要求",使零件在机器或部件中能正常工作;另一方面应"满足加工工艺要求",便于零件的加工、测量和装配。因此,为了使零件的尺寸标注正确、完整、清晰、合理,必须对零件进行形体分析、结构分析、设计要求分析、加工工艺分析,这些问题涉及面很广,需要具备专业知识和较丰富的生产实践经验,机械制图课程仅介绍常见的基本问题和常见结构的尺寸标注。

零件图的尺寸标注原则如下:

1. 零件上重要(设计要求)尺寸必须直接注出

为了保证设计要求,使零件能在机器或部件中正常工作,设计时必须保证的重要尺寸(也称其为功能尺寸)应在图上直接标出,主要有:

①零件自身的用途或工作性能尺寸或零件所属机器或部件规格的尺寸。

②与其他零件配合或有关联的尺寸。

③零件的安装尺寸或有装配要求的尺寸。

图 8.2(a)所示为一传动轴的轴承组合部件图,从结构要求分析可知,传动轴齿轮的右端面是设计基准,轴上安装滚动轴承、挡油板、齿轮、轴承端盖、联轴器等零件,为了满足设计要求,径向尺寸应直接注出,安装齿轮的轴段长度根据齿轮宽度的设计要求直接注出,轴肩的轴向尺寸根据设计经验直接注出,如图 8.2(b)所示。

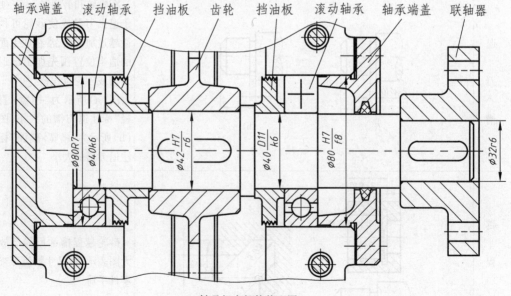

(a) 轴承组合部件装配图

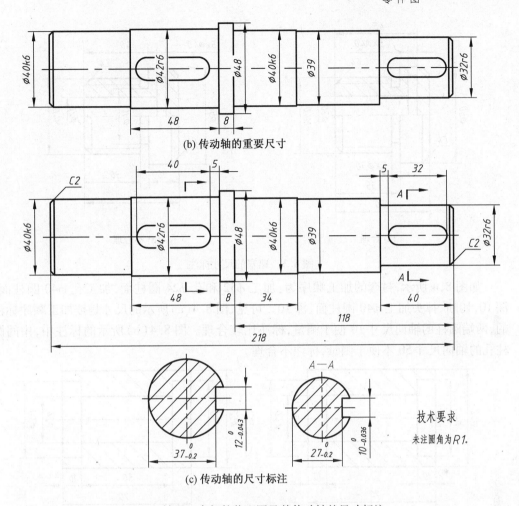

(b) 传动轴的重要尺寸

(c) 传动轴的尺寸标注

技术要求

未注圆角为 R1.

图 8.2　轴承组合部件装配图及其传动轴的尺寸标注

2. 符合加工和测量要求

其他尺寸应尽量使设计基准与工艺基准重合,这样既能满足设计要求,又便于加工和测量。若设计基准与工艺基准不一致,将重要的设计尺寸,从设计基准出发标注,以满足设计要求;一些不重要的尺寸,则可从工艺的角度考虑,从工艺基准出发,按加工顺序标注,便于加工和测量。

图 8.2 中,传动轴的其他轴向尺寸,在结构上没有特殊要求,应根据加工顺序从工艺基准标注尺寸。将传动轴与外界没有联系的轴段(φ39)尺寸不标,将误差积累于此段上,其余尺寸按工艺要求和加工顺序标注,由于在车床上加工轴时,通常装夹轴的左端,刀具自右向左轴向进给进行加工,轴上两端要调头加工。因此,不重要的各段轴向尺寸都是以轴的两个端面为工艺基准标注,如图 8.2(c)所示。

如图 8.3 所示,螺塞的加工顺序为:加工 φ50 圆柱面,倒角 C4,切断→掉头加工 φ40 圆柱面,倒角 C4,切槽 5×φ30,加工孔 φ20、孔深 45,切槽 5×φ40→加工螺纹 M40。可见,图 8.3(a)所示的尺寸是按加工顺序标注的,比较合理;图 8.3(b)所示的尺寸标注中,没有反映出切槽刀的宽度,也与加工顺序不相符,因此标注不合理。

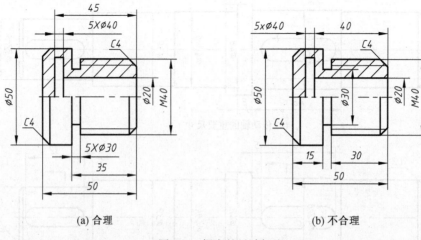

(a) 合理　　　　　　　　　　　(b) 不合理

图 8.3　螺塞的尺寸标注

　　如图 8.4 所示,衬套的加工顺序为:加工 $\phi52$ 和孔 $\phi24$ 圆柱面,加工孔 $\phi40$ 圆柱面、深 10,切断,掉头加工 $\phi40$ 圆柱面、深 10。可见,图 8.4(a) 所示的尺寸是按加工顺序标注的,两端圆柱的轴向尺寸 10 便于测量,标注比较合理。图 8.4(b) 所示的标注中,中间圆柱孔的轴向尺寸 50 不便于测量,标注不合理。

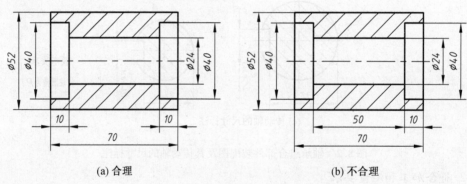

(a) 合理　　　　　　　　　　　(b) 不合理

图 8.4　衬套的尺寸标注

　　3. 避免标注成封闭的尺寸链

　　在图样中每一个度量方向上,按一定的顺序依次连接起来的尺寸标注形式称为尺寸链,组成尺寸链的每一个尺寸称为尺寸链的环。按照加工顺序,总有一个尺寸是在加工最后自然形成的,称为封闭环,其他尺寸称为组成环;若所有的环都标注尺寸,便形成了封闭尺寸链。由于加工过程中,每段尺寸都会产生加工误差,若将尺寸标注成封闭的尺寸链,加工时就难以保证加工精度,满足设计要求。因此,在标注尺寸时,一般将不重要的一段尺寸空出来不标注,称其为开口环,开口环的尺寸误差是其他各环尺寸加工误差之和,以便使其他尺寸得到精确保证。

　　如图 8.2(c) 所示,传动轴的轴向尺寸标注时,选择与外界没有联系的 $\phi39$ 段作为开口环,不标注其轴向尺寸,其他各段轴向尺寸的加工误差都将累计在该段上,但对设计要求没有影响。

4. 为了便于测量,尽量采用实基准

标注尺寸时,有时设计基准选为零件的对称面或回转体的轴线,但在测量过程中,往往是依据实际的表面或线(实基准)来进行测量。在满足设计要求的条件下,应考虑便于测量,尺寸标注应尽可能由实基准注出。

例如图 8.2(c)中,ϕ32r6 轴段上键槽宽为 10,其相关尺寸的标注应标注键槽总长 32、键槽底面到下母线的距离 $27^{0}_{-0.2}$,轴向定位尺寸 5。

如图 8.5(a)所示尺寸标注正确,而图 8.5(b)不便于测量,与此相似图 8.5(c)所示的尺寸标注不便于测量,图 8.5(d)则便于测量。

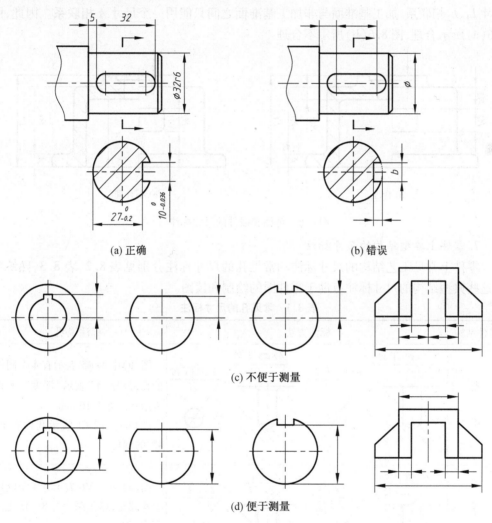

图 8.5　便于测量的尺寸标注方法

5. 铸件、锻件一般按形体标注尺寸

为了便于制作铸造模型和锻模,铸件、锻件按形体标注尺寸。如图 8.6(a)所示,尺寸 M_1、M_2、M_3 和 M_4 是由铸模直接保证的非加工面尺寸,应直接注出,其中 M_1、M_2、即为形体的高度尺寸。

6.加工面与非加工面只能有一个尺寸相联系

因为铸件和锻件的非加工面(毛面)的尺寸精度只能由铸造和锻造时保证,如果同一加工面与多个不加工面都有尺寸联系,即以同一加工面为基准,来同时保证多个非加工面的尺寸精度要求,将使加工制造很困难,所以零件在同一方向上加工面与非加工面之间,一般只能有一个尺寸联系(加工第一个加工面时以毛面为基准,以后的加工面要以加工面为基准),而其他非加工面只能与非加工面发生联系,这样不仅加工面的尺寸精度要求容易保证,而且非加工面的尺寸精度也能从工艺上保证设计要求。

如图 8.6 所示,零件的非加工面由一组尺寸 M_1、M_2、M_3、M_4 相联系,加工面由另一组尺寸 L_1、L_2 相联系,加工基准面与非加工基准面之间只能用一个尺寸 A 相联系。因此,图8.6(a)所示合理,图8.6(b)所示不合理。

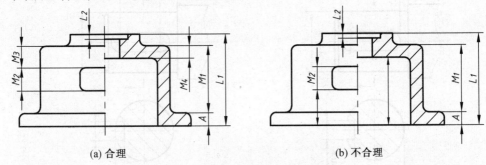

(a) 合理　　　　　　　　　　　　　　(b) 不合理

图 8.6　铸件和锻件的尺寸标注

7.零件上典型结构的尺寸标注

零件上常见工艺结构的尺寸标注和常见孔的尺寸标注分别见表 8.2、表 8.3,熟练掌握这些典型结构的尺寸标注有助于零件图的绘制和读图。

表 8.3　常见孔的尺寸标注

零件结构	标注方法	标注说明
光 孔	4×φ5▽10　　4×φ5▽10 　4×φ5▽10　　4×φ5▽10 　　　　C1　　　　　C1 或 (a)　　　(b)	图(a)中 4×φ5 表示有 4 个同样的孔,符号"▽"表示"深度",▽10 表示孔深度为 10 mm 图(b)中的 C1 表示孔口有 1×45°的倒角
螺 孔	4×M6▽8　　4×M6▽8 孔▽12　　　孔▽12 　4×M6　　4×M6 　2×C1　　2×C1 或 (a)　　　(b)	图(a)中 4×M6 表示有 4 个同样的螺纹孔,螺孔深度为 8。钻孔深度为 12 图(b)表示螺孔为通孔,两端孔口有 1×45°的倒角

续表 8.3

零件结构	标注方法	标注说明
锥销孔	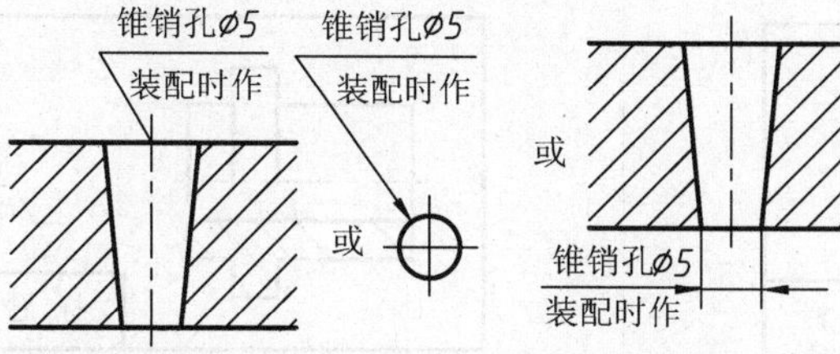	φ5 为与锥孔相配的圆锥销的小头直径。锥销孔一般在装配时与相配零件一起加工
沉孔	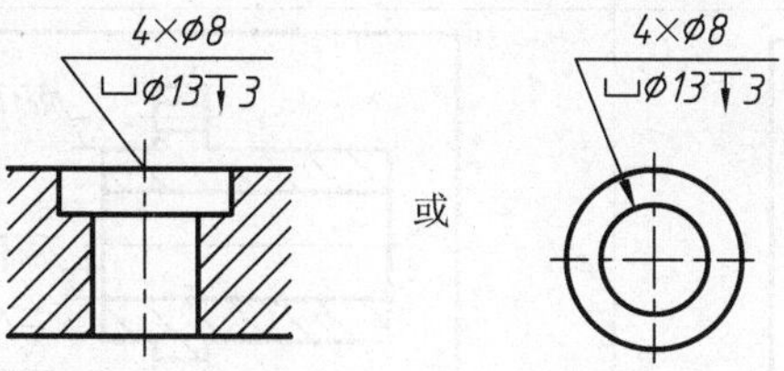	符号"⊔"表示"沉孔"(大一些的圆柱孔)或锪平(孔端刮出一圆平面),此处的沉孔直径为13、沉孔深度为3,标注时若无深度要求,则表示刮出一指定直径的圆平面即可
埋头孔	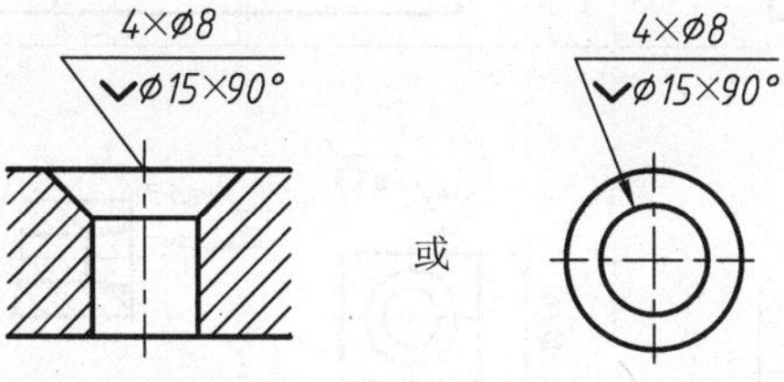	符号"∨"表示"埋头孔"(孔口作出倒圆锥台坡的孔),此处锥台大头直径为15,锥台面顶角为90°

注:指引线应从装配时的装入端或孔的圆形视图的中心引出,指引线所连的水平线(基准线)上方注写主孔尺寸,下方注写辅助孔尺寸等内容

8. 零件尺寸标注的步骤

(1)对零件进行形体分析、结构分析、设计要求分析、加工工艺分析以及测量方法分析,对零件有一个全面的了解。

(2)根据零件的设计要求、加工和测量方法,选择设计基准和工艺基准。

(3)根据设计要求标注重要尺寸(功能尺寸),根据工艺要求和测量方法标注出其他尺寸(非功能尺寸)。

(4)根据形体分析和结构分析,逐一补全各部分的定形尺寸和定位尺寸。

(5)检查尺寸标注是否有遗漏、是否合理并加以调整。

8.3.3 零件图中的技术要求

零件图中的技术要求主要包括:表面结构、极限与配合、形位公差、材料及热处理和表面处理等。

1. 表面结构

表面结构中表面粗糙度标注的新国家标准(GB/T 131—2006)变化较大,常见的标注方法新旧国标比照见表 8.4。

表 8.4　表面粗糙度在图样上的标注新旧国标比照示例

旧国标(GB/T 131—1993)	新国标(GB/T 131—2006)

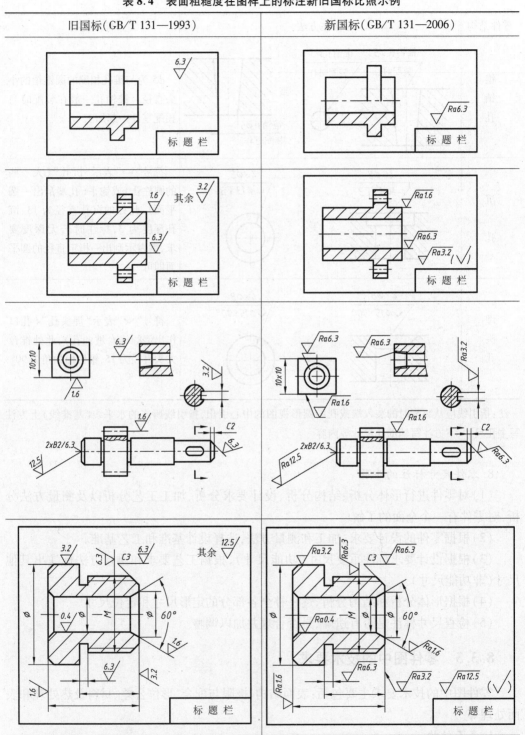

表面粗糙度标注常见的错误是:同一表面重复标注,文字方向错误,标注位置错误,符号错误,漏写评定参数等,具体内容参见例8.3。

2. 极限与配合

极限与配合是工程图样中一项重要的技术要求,在大批量生产中,要求相互装配的零件具有互换性。如何能保证零件具有互换性呢？实际上就是靠零件的极限尺寸以及零件间的配合精度来保证。在进行机器或部件的设计时,一般先绘制装配图,根据零件的作用和设计要求(功能要求),选定配合的基准制和配合种类,在装配图中进行配合标注;再根据装配图"拆画"零件图,在零件图中进行极限(公差)标注。具体标注形式如下。

(1)装配图上的标注。在公称尺寸之后,以分数的形式标注配合代号,或在公称尺寸之后,注写孔的公差带代号/轴的公差带代号,分子为孔的公差带代号,分母为轴的公差带代号,如图 8.7(a)所示。

当两配合的零件其中一个是标准件时,一般只标注非标准件的公差带代号。例如在图 8.2(a)中,滚动轴承为标准件,它的内、外环公差已经确定,设计时滚动轴承的外环与箱体孔的配合选择基轴制,滚动轴承的内环与轴的配合选择基孔制,在装配图上只需标出轴颈和箱体孔的公差带代号,即标为 $\phi 40k6$ 和 $\phi 80R7$。

(2)零件图上的标注。根据装配图拆画的零件图中,尺寸标注可采用下列方法之一。

①只注公差带代号(图 8.7(b)):此标注方法多用于大批量生产中,采用专用量具检验零件,便于与装配图对照。

②只注写上、下偏差数值(图 8.7(c)):此标注方法数值直观,便于用读数量具测量零件,适用于单件、小批量生产,以便加工、检验时对照。

③注出公差带代号及上、下偏差数值(图 8.7(d)):此标注方法综合了①、②的优点,可用于生产批量不定,检测工具未定的情况。

具体内容参见例 8.4 ~ 例 8.7。

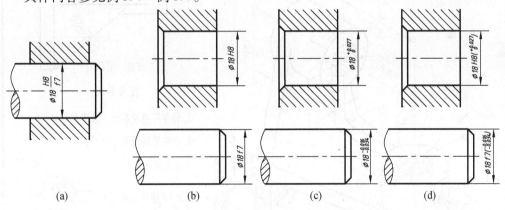

图 8.7　配合的标注与零件图上的标注方法

(3)一般公差。在车间普通工艺条件下,机床设备一般加工能力可以保证的公差称为一般公差。GB/T 1804—2000 对线性尺寸的一般公差规定了 4 个公差等级:精密级、中等级、粗糙级和最粗级,分别用字母 f、m、c 和 v 表示,这 4 个公差等级相当于 IT12、IT14、IT16 和 IT17。零件图中有些尺寸公差要求较低,用一般的加工方法即可达到要求。因此,这些尺寸在零件图中一般只标注公称尺寸,不标注公差,而应在图样的技术要求或相关的技术文件中,用标准号和公差等级代号做出总的表示。例如,当选用中等级 m 时,则表示为 GB/T 1084—m。

8.3.4　零件图的读图方法

具体的零件图读图方法和步骤在教材中已经介绍得很详细,在此不再赘述。但需要强调的是:

(1)读零件图是指读懂零件图的四部分内容,其中最关键的是读懂零件的结构形状。由于零件图是在主体结构(组合体)的基础上增加了工艺结构(如铸造圆角、退刀槽等)和局部功能结构(如螺纹、键槽等),因此读图时,结合零件的分析,应将零件各部分的作用与零件的常见结构联系起来。首先根据工艺结构和局部功能结构的画法和尺寸标注想象出该部分的形状,然后假想去掉这些结构,按组合体的读图方法(形体分析法和线面分析法)分析主体结构,最后综合想象出零件的形状。此外,零件的尺寸标注也有确定其形状的作用,读图时,分析零件的定形尺寸也有助于读懂零件的结构形状。

(2)在零件图中,分析切削加工面和非切削加工面可以通过零件表面粗糙度代号来判别:重要的表面往往有尺寸公差和形位公差要求,或其表面粗糙度参数值较小。此外对于铸造零件,凡是有铸造圆角的表面均为非切削加工表面。具体内容参见例8.4~例8.7。

8.4　例题解析

【例8.1】　已知支架的工作位置如轴测图(图8.8)所示,根据轴测图,绘制支架的零件图。

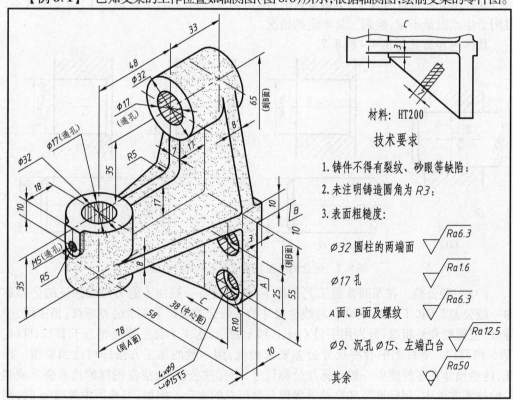

图 8.8　支架轴测图

【分析】

(1)零件分析。支架起支承作用,属叉架类零件,该零件是铸造零件。它主要由水平连接板和竖直侧板将水平圆柱筒和竖直圆柱筒连接而成,其间有 L 形和三角形肋板连接,竖直圆柱筒上左侧有一 U 形凸台,凸台上一螺纹孔与圆柱孔相通,竖直侧板上有四个沉孔。

(2)视图选择。叉架类零件的主视图一般根据形状特征和工作位置确定。因此,选择 C 向作为主视图投影方向。在主视图中,为了表达两圆柱筒内孔及螺纹孔与竖直圆柱筒相通的情况,过圆柱筒的轴线采用局部剖;通过沉孔的轴线作局部剖表达沉孔。为了表达竖直侧板的形状、侧板上四个沉孔的分布以及圆筒和肋板的相对位置,选择左视图。为了表达水平连接板的形状且避免重复表达水平圆筒,选择全剖的俯视图。

(3)尺寸标注。主要尺寸基准:竖直侧板的下部分右侧面是用于确定支架的安装位置,因此选择竖直侧板下部分的右侧面作为长度方向的主要尺寸基准;支架前后对称,选择支架的前后对称面作为宽度方向的尺寸基准;选择水平圆柱筒的轴线作为高度方向的主要尺寸基准。依次按形体分析法注出各部分的定形尺寸和定位尺寸,最后标注出总体尺寸。

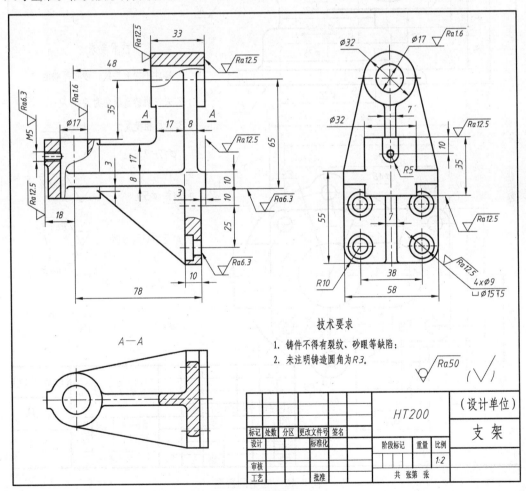

图 8.9　支架零件图

（4）技术要求。根据轴测图技术要求的相关内容,标注出加工面和不加工表面的粗糙度并将铸造圆角注写在技术要求中。

（5）填写标题栏。

综合上述分析,支架的零件图如图 8.9 所示。

【例8.2】 根据底座的视图,如图 8.10 所示,用恰当的表达方法绘制其零件图。

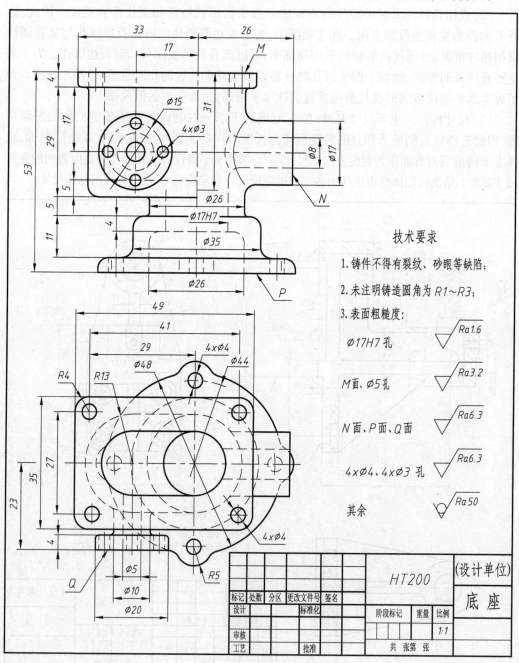

技术要求

1. 铸件不得有裂纹、砂眼等缺陷;

2. 未注明铸造圆角为 R1~R3;

3. 表面粗糙度:

Ø17H7 孔 √Ra1.6

M面、Ø5孔 √Ra3.2

N 面、P 面、Q 面 √Ra6.3

4×Ø4、4×Ø3 孔 √Ra6.3

其余 √Ra50

图 8.10 底座的视图

【分析】

(1)零件分析。该零件名称为底座,材料为 HT200,是铸造零件,属箱体类零件。

(2)分析视图,读懂零件的形状。按照投影规律,结合零件的尺寸标注读底座的主、俯视图,可知底座是由矩形顶板、长圆形柱体的主体结构、直径分别为 $\phi26$ 和 $\phi35$ 同轴圆柱、$\phi48$ 的底板、主体上左前方凸缘以及右侧的圆筒七部分组成。其中:顶板上分布有四个 $\phi4$ 通孔;顶板和主体结构的内部是长圆形内腔,$\phi26$、$\phi35$ 圆柱和 $\phi48$ 底板内部是直径分别为 $\phi17$、$\phi26$ 的同轴圆柱内腔,其轴线与长圆形内腔的右侧半圆柱轴线同轴;底板上均布四个 $\phi4$ 的通孔和四个与通孔同轴的弧形凸缘;主体上左前方凸缘上均布四个 $\phi3$ 通孔;凸缘上 $\phi5$ 孔以及右侧圆筒的 $\phi8$ 孔分别与主体内腔相通。综合上述分析,想象出底座的形状(立体图)如图 8.11 所示。

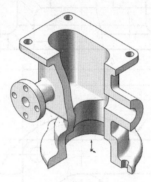

图 8.11   底座的立体图

(3)确定表达方案。由于零件的内、外结构均需表达,并且其上下、左右、前后均不对称。因此,主视图表达各部分上下、左右的相对位置采用两处局部剖,一处着重表达底座自上而下内腔相通的情况以及右侧圆筒与主体内腔相通的情况,另一处表达顶板上的通孔;视图部分表达了左侧前方凸缘的形状、位置及其上孔的分布。

俯视图表达各部分前后和左右的相对位置。采用过左侧凸缘孔轴线的局部剖,重点表达凸缘上 $\phi5$ 孔与主体内腔相通的情况,同时兼顾表达顶板、主体结构的外形和内腔、底板的形状以及顶板和底板上孔的分布,如图 8.12 所示。

(4)标注尺寸、注写技术要求。选择 $\phi17H7$ 圆柱孔的轴线作为长度方向的主要尺寸基准;长圆形内腔的前后对称面作为宽度方向的主要尺寸基准;顶板的顶面作为高度方向的主要尺寸基准。依次按形体分析法注出各部分的定形尺寸、定位尺寸和总体尺寸,标注表面粗糙度,注写技术要求。

(5)填写标题栏。底座的零件图如图 8.12 所示。

此外,底座还可以采用如图 8.13 所示的表达方案(图中省略了表面粗糙度的标注)。主视图采用过 $\phi17H7$ 的轴线对机件进行全剖,重点表达底座自上而下内腔相通的情况以及右侧圆筒与主体内腔相通的情况;俯视图过机件右侧圆筒的轴线进行全剖,表达各部分前后和左右的相对位置以及凸缘上 $\phi5$ 孔与主体内腔相通的情况,同时兼顾表达底板的形状和底板上孔的分布;而剖掉的外部结构如顶板、凸缘,则采用局部视图 A、B 分别表达其形状。

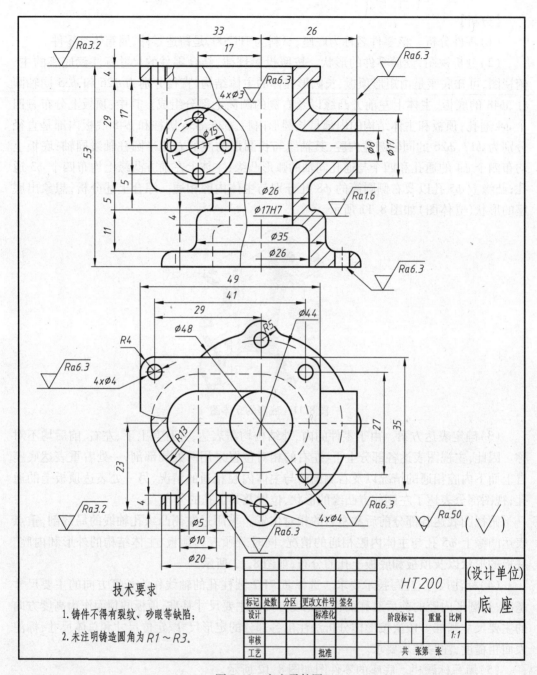

图 8.12　底座零件图

两种方案比较可见,图 8.12 所示方案的视图数目少,但为了准确表达机件的形状,采用了必要的虚线;图 8.13 所示方案的内部结构表达清晰,不需要虚线,但为了表达剖掉的外部结构,增加了两个局部视图。

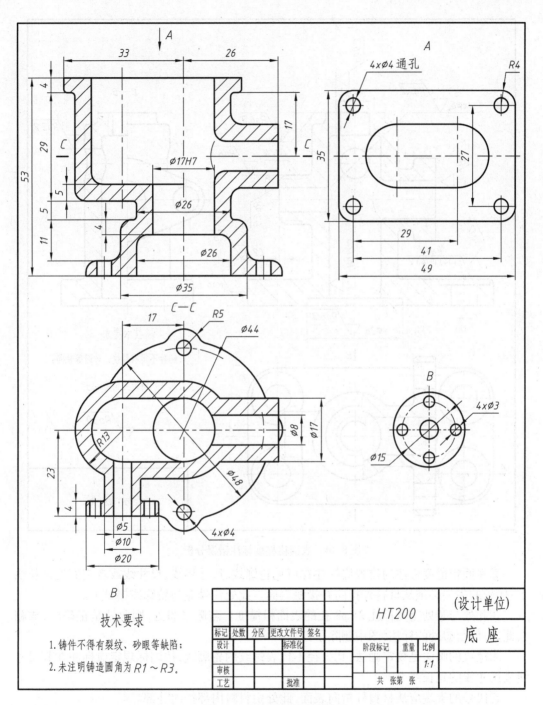

图 8.13　底座的另一表达方案

【例 8.3】　分析如图 8.14 所示表面粗糙度标注的错误,并加以改正。

【分析】　图 8.14 中表面粗糙度标注的正确答案用序号标出,如图 8.15 所示,说明如下:

①此处标注的是沉孔的表面粗糙度,引线应从中心线与上表面交点处引出。

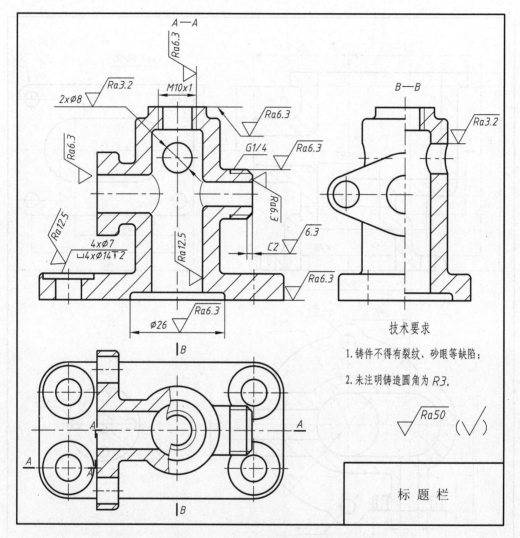

图 8.14　表面粗糙度标注错误分析

②表面粗糙度标注的位置应标注在可见轮廓线、尺寸界线、尺寸线或者它们的延长线上；代号的尖端必须从材料外指向并接触表面。此处代号应与轮廓线接触上。

③此处与⑩处重复标注 2×φ8 孔的表面粗糙度。若删去⑩处，则此处是正确的，或删去此处，保留⑩处的标注，图中删除了此处。

④螺纹的画法是规定画法，其大径不代表螺纹的轮廓线，按国标规定应标注在其尺寸线或尺寸线的延长线上。

⑤代号的尖端应从材料外指向表面，此处由材料内部指向外部。

⑥螺纹的画法是规定画法，其大径不代表螺纹的轮廓线，按国标规定管螺纹的尺寸应从大径引线标注，粗糙度代号应标在其指引线上。

⑦表面粗糙度的注写方向应与尺寸数字的注写方向一致。此处应用带箭头的指引线引出标注。

⑧此处漏写表面粗糙度的评定参数符号 Ra。

⑨此处粗糙度代号由材料内部指向外部,应用带箭头的指引线引出标注。

⑩此处与③处重复标注并且粗糙度代号由材料内部指向外部。

⑪此处代号表示的是图中其余去除材料的表面粗糙度,实际上去除材料的表面粗糙度在图中已标注,要标注的是不允许去除材料的表面粗糙度,因此,此处的粗糙度符号应使用不允许去除材料的表面粗糙度符号。

⑫从零件图可以看出 $\phi26$ 圆柱面是直接铸造出的减小加工面积的工艺结构,其表面粗糙度应为不允许去除材料获得的表面粗糙度且应注写在标题栏的上方。

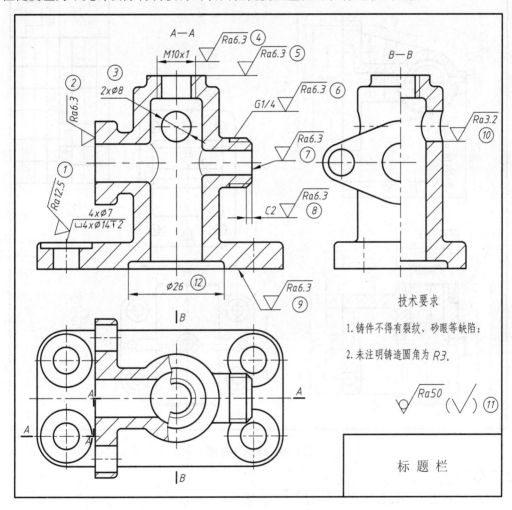

图 8.15　表面粗糙度标注正确答案

【例 8.4】　读懂支座零件图,如图 8.16 所示,回答下列问题。

(1)在指定位置补画出 $B\text{-}B$ 的移出断面图。

(2)为了表达零件的内部形状,主视图采用了( )和( )视图,左视图采用了( )视图。

(3)图中标注的尺寸 $\phi18H7$ 中, $\phi18$ 称为( ),H7 是( )代号,H 是( )代

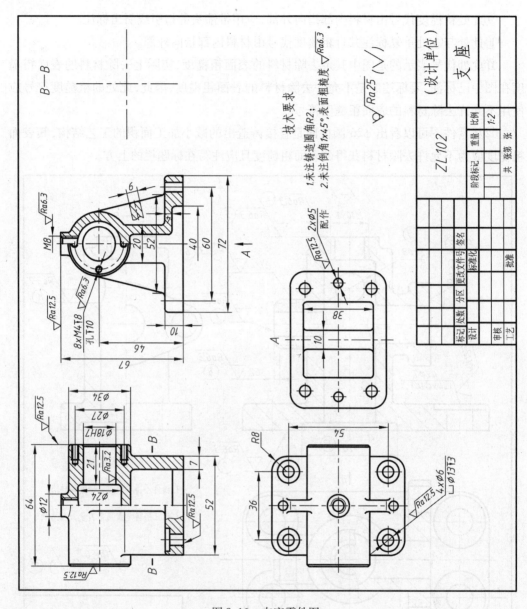

图 8.16　支座零件图

号;7 是指(　　)。

(4)底板的上表面粗糙度代号为(　　),表示(　　)。

(5)在图中标出长、宽、高三个方向的主要尺寸基准。

(6)4×φ6 沉孔的定位尺寸是:(　　)。

【分析】

(1)读标题栏,概括了解。此零件名称为支座,材料为 ZL102,铸件,属箱体类零件,起支承、包容、定位、连接等作用。

(2)分析视图,想象零件的形状。支座的表达采用了三个基本视图和一个局部视图。

主视图采用了半剖和局部剖,采用半剖说明零件左右对称,兼顾内部结构和外部形状的表达,局部剖表达了沉孔;左视图也采用半剖,说明零件前后对称,与主视图配合进一步表达零件的内部结构以及左右端面螺纹孔的分布情况,重合断面图表达了肋板断面的形状;俯视图采用基本视图,主要表达零件的外部结构形状和各部分的前后、左右相对位置。A 向局部视图表达底板和内腔的形状。

采用形体分析和结构分析,借助零件图上的尺寸标注,可以想象出支座主要由圆柱、底板、支承部分、肋板和圆柱上的凸台五部分组成,五部分前后、左右对称叠加而成。其中:圆柱内部中间有一段 $\phi 24$ 的减少加工面积的凹腔,左右是 $\phi 18H7$ 的圆柱孔,孔口两端倒角 $1 \times 45°$,圆柱外圆柱面两端倒角 $1 \times 45°$,圆柱长度方向中间有一圆柱凸台,凸台同轴有一 M8 螺纹孔与内腔相同,螺纹孔孔口倒角 $1 \times 45°$;矩形底板四角倒圆角并分布四个沉孔,底板长度方向中间、前后对称分布两个 $\phi 5$ 配作孔;矩形支承板前后、左右对称连接圆柱和底板,支承板和底板内部的有等长而不等宽的矩形内腔;三角形肋板前后、左右对称叠加于底板上且与圆柱相切。

综合上述分析,想象出支座的形状(立体图)如图 8.17 所示。

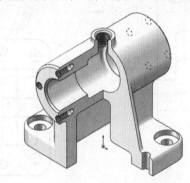

图 8.17 支座立体图

【回答问题】

(1)B—B 移出断面图如图 8.18 所示。

(2)为了表达零件的内部形状,主视图采用了(半剖)和(局部剖)视图,左视图采用了(半剖)视图。

(3)图中标注的尺寸 $\phi 18H7$ 中,$\phi 18$ 称为(公称尺寸),H7 是(孔的公差带)代号,H是(孔的基本偏差)代号;7 是指(标准公差等级)。

(4)底板的上表面粗糙度代号为($\sqrt{Ra12.5}$),表示(用去除材料的方法获得的表面粗糙度 Ra 为 12.5 μm)。

(5)长、宽、高三个方向的主要尺寸基准如图 8.18 所示;

(6)4×$\phi 6$ 沉孔的定位尺寸是:(54、36)。

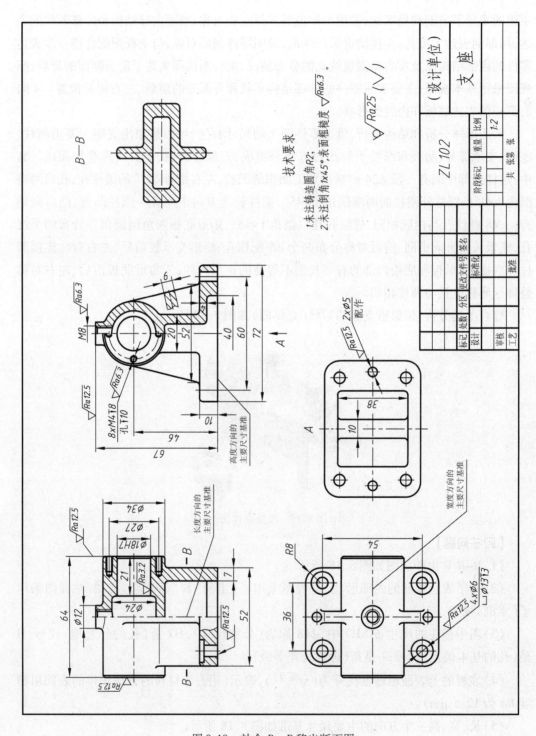

图 8.18 补全 B—B 移出断面图

【例8.5】 读懂控制器座零件图(图8.19),回答下列问题。

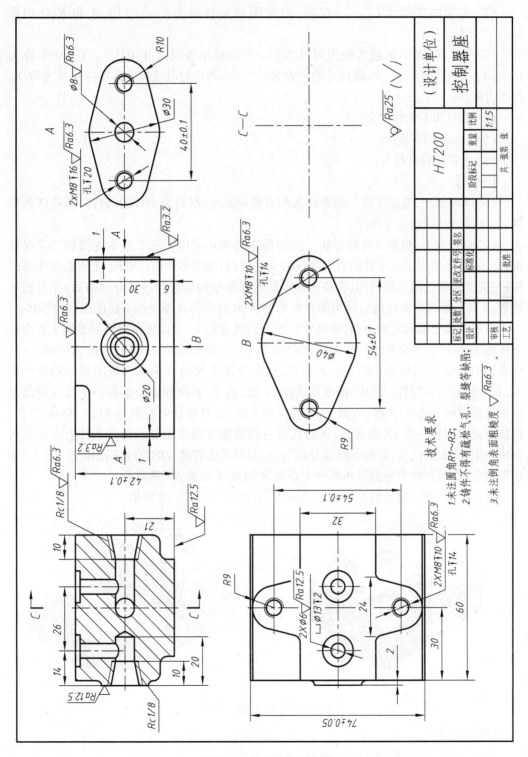

图 8.19　控制器座零件图

（1）在指定位置画出 C—C 全剖视图。

（2）主视图采用了（　　）视图，俯视图和左视图为（　　）图，A 和 B 分别称为（　　）图。

（3）尺寸 40±0.1 的最大极限尺寸为（　　），最小极限尺寸为（　　），+0.1 称为（　　），−0.1 称为（　　），该尺寸的公差为（　　）；若检验时该尺寸的实际尺寸为39.8，是否合格？（　　）。

（4）说明 Rc1/8 的含义（　　　　　　　　　　　　　　　　　　）。

（5）2×M8 ▼ 10 表示（　　　　　　　　　　　　　　　　　　）。

（6）该零件的材料为（　　　　　　　）。

【分析】

（1）读标题栏，概括了解。此零件名称为控制器座，材料为 HT200，铸件，属箱体类零件，起支承、定位、连接等作用。

（2）分析视图，想象零件的形状。控制器座的表达采用了三个基本视图和二个局部视图。主视图采用了过零件前后对称面的全剖视图，说明零件前后对称，重点表达内部结构；左视图和俯视图采用视图，主要表达零件的外部结构形状和各部分的前后、左右相对位置；A 向局部视图表达前后两端面凸台的形状；B 向局部视图表达了底面凸台的形状。

采用形体分析和结构分析，借助零件图上的尺寸标注，可以想象出控制器座主要由长方体的主体结构，左侧叠加一个 $\phi 20$ 的圆柱凸台，顶面叠加十字形凸台，前、后两侧面分别叠加形状如 A 向局部视图所示的凸台，底面叠加形状如 B 向局部视图所示的凸台而成，其六部分前后对称。其中：距底面高度21 处，自左、右两侧面分别有一个与左侧凸台同轴的管螺纹 Rc1/8；在前、后面上，分别有两个前、后对称且中心距为 40 的 M8 螺纹孔，自前面到后面有一个 $\phi 8$ 的通孔，该通孔与右侧管螺纹底孔相交。顶面上自上而下有两个中心距为 26 的沉孔，此两个沉孔分别与左、右两侧面管螺纹的螺纹底孔相交。在上、下底面的左、右对称线上分别分布两个中心距为 54 的不通的 M8 螺纹孔。

综合上述分析，想象出控制器座的形状（立体图）如图 8.20 所示。

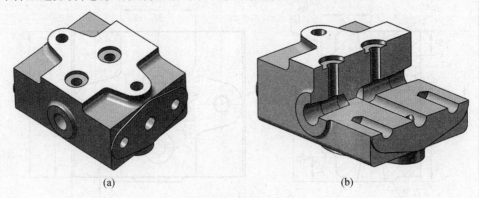

(a)　　　　　　　　　　　　　(b)

图 8.20　控制器座的立体图

【回答问题】

（1）C-C 全剖视图如图 8.21 所示。

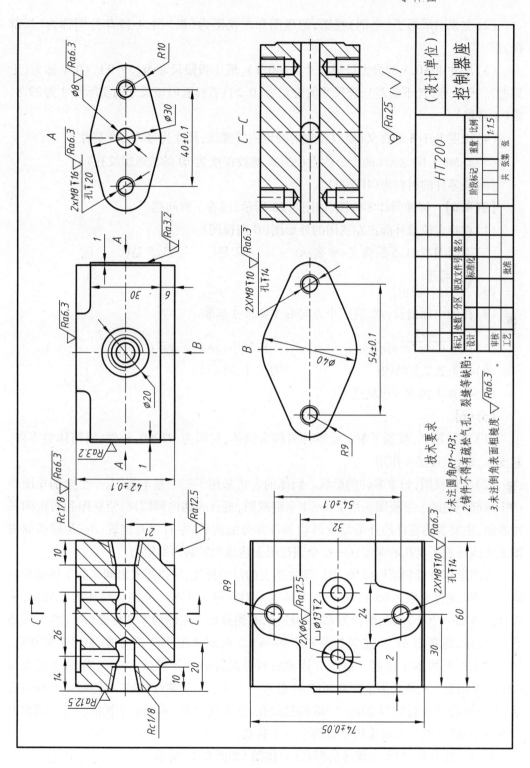

图 8.21 补全 *C—C* 全剖视图

(2)主视图采用了(全剖)视图,俯视图和左视图为(视)图,A 和 B 分别称为(局部视)图。

(3)尺寸 40±0.1 的最大极限尺寸为(40.1),最小极限尺寸为(39.9),+0.1 称为(上偏差),−0.1 称为(下偏差),该尺寸的公差为(0.2);若检验时该尺寸的实际尺寸为 39.8,则(不合格)。

(4)说明 Rc1/8 的含义(螺纹密封的圆锥内管螺纹,尺寸代号为 1/8 英寸)。

(5)2×M8 ▼10 表示(两个公称直径为 8、螺纹深度为 10 的普通螺纹孔)。

(6)该零件的材料为(HT200)。

【例8.6】 读懂阀体零件图,如图 8.22 所示,回答下列问题。

(1)在指定位置补画出左视图的外形图(D 向视图)。

(2)说明 M27×1.5 的含义:M 表示(　　　);27 是(　　　);1.5 是(　　　)。

(3) $\sqrt{\dfrac{\raise2pt{Ra25}}{}}$　表示(　　　　　　　　)。

(4)在图中标出长、宽、高三个方向的主要尺寸基准。

(5)尺寸 $\overset{3×\varnothing9}{\sqcup\varnothing14\overline{\tau}10}$ 表示(　　　　　　　　),其中 $\sqcup\varnothing14\overline{\tau}10$ 表示(　　　　)。

(6)4×3 是工艺结构(　　　　　)的尺寸,表示(　　　　　)。

(7)孔 $\phi21$ 的表面粗糙度为(　　　　　　　)。

【分析】

(1)读标题栏,概括了解。此零件名称为阀体,材料为 HT200,铸件,属箱体类零件,起支承、定位、连接等作用。

(2)分析视图,想象零件的形状。阀体的表达采用了三个基本视图、一个全剖视图和一个局部剖视图。主视图采用了 A—A 全剖视图,重点表达内部结构;俯视图和右视图采用视图,主要表达零件的外部结构形状和各部分的前后、左右相对位置;B—B 局部剖视图表达该位置螺纹孔的深度;C—C 全剖视图表达该位置的内部结构。

采用形体分析和结构分析,借助零件图上的尺寸标注,可以想象出阀体的主体结构由高度为 39、宽度分别为 66 和 50 的长方体前后对称叠加而成。在主体结构的上表面,从左侧面叠加一个长为 20、半径为 R20 的柱体,右侧叠加一左侧为半圆柱面(R9)的 T 形凸台。距底面高度 27 处,自左到右依次有 M27×1.5 的螺纹孔、4×3 退刀槽、$\phi16H7$ 的通孔、减少加工面积的 $\phi21$ 凹腔。顶面右侧前后对称线处有一管螺纹 Rc3/8,其螺纹底孔与 $\phi21$ 凹腔相通。右侧端面上距底面高 44 处有一个沉孔与管螺纹相通;右侧端面上分布前后、上下中心距分别为 34 的四个 M8 的螺纹孔,其深度由 B—B 局部剖视图表达。顶面上分布三个 $\phi9$ 沉孔。自底面向上有两个 $\phi11$ 盲孔。

综合上述分析,想象出阀体的形状(立体图)如图 8.23 所示。

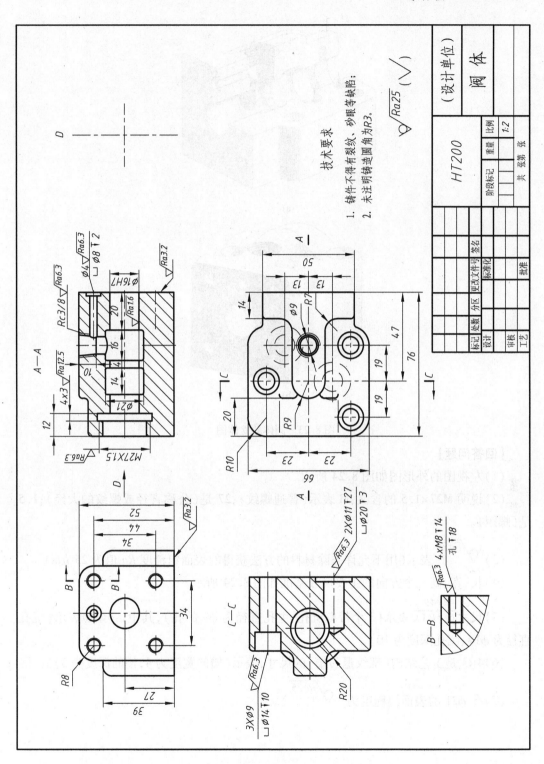

图 8.22 阀体零件图

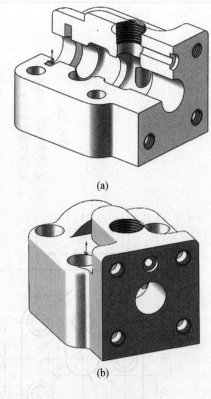

(a)

(b)

图 8.23　阀体的立体图

【回答问题】

(1)左视图的外形图如图 8.24 所示。

(2)说明 M27×1.5 的含义:M 表示(普通螺纹);27 是(公称直径或螺纹的大经);1.5 是(螺距)。

(3) $\sqrt{Ra25}$ 表示(用不允许去除材料的方法获得的表面粗糙度 Ra 值为 25 μm)。

(4)长、宽、高三个方向的主要尺寸基准如图 8.24 所示。

(5)尺寸 $\sqcup\varnothing14\overline{}10$ $3X\varnothing9$ 表示(3 个带有沉孔、主孔直径为 $\phi9$ 的孔),其中 $\sqcup\phi14\overline{}10$ 表示(沉孔直径为 $\phi14$、沉孔深度为 10)。

(6)4×3 是工艺结构(螺纹退刀槽)的尺寸,表示(槽的宽度为 4,槽的深度为 3)。

(7)孔 $\phi21$ 的表面粗糙度为($\sqrt{Ra25}$)。

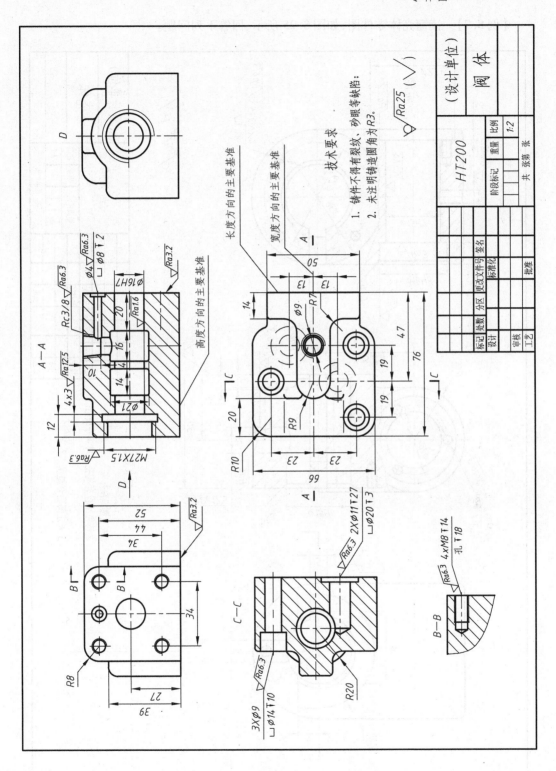

图 8.24 补全左视图的外形图

【例 8.7】 读懂壳体零件图,如图 8.25 所示,回答下列问题。

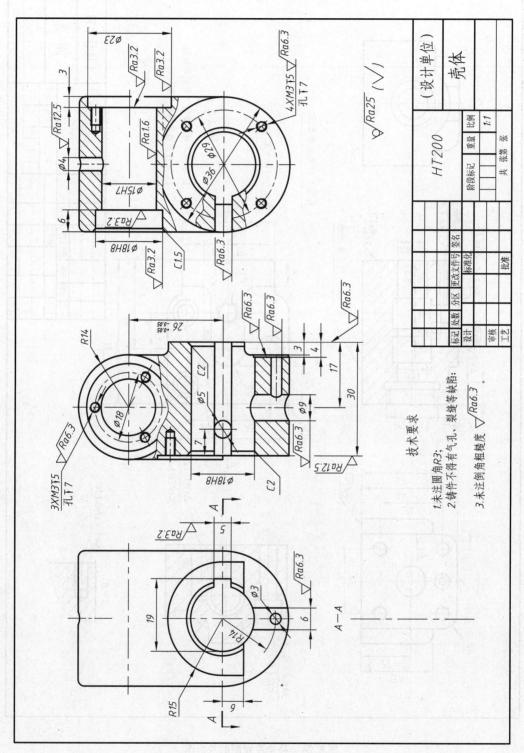

图 8.25 壳体零件图

（1）在指定位置补画出 *A—A* 剖视图。

（2）主视图和左视图分别采用了（　　）剖视图。

（3）*C*2 表示（　　）；其表面粗糙度为（　　）。

（4）在图中标出长、宽、高三个方向的主要尺寸基准。

（5）3×*M*3 螺纹孔的定位尺寸是（　　）。

（6）该零件加工精度最高的表面为（　　）。

【分析】

（1）读标题栏，概括了解。此零件名称为壳体，材料为 HT200，铸件，属箱体类零件，起支承、定位、连接等作用。

（2）分析视图，想象零件的形状。壳体的表达采用了三个基本视图。主视图和左视图分别采用了局部剖视图，主视图兼顾壳体上部分的外形和下部分的内部结构表达；左视图兼顾壳体上部分的内部结构和下部分外形的表达，右视图采用视图，主要表达零件的外部结构形状和各部分的前后、上下相对位置。

采用形体分析和结构分析，借助零件图上的尺寸标注，可以想象出壳体的主体结构是一个轴线为正垂线、半径为 $R14$ 的半圆柱和一个轴线为侧垂线、半径为 $R18$（直径为 $\phi36$）的半圆柱，由左右面、前后面分别与两圆柱相切的四棱柱体连接而成。

与 $R14$ 半圆柱同轴在内部有一个 $\phi15H7$ 通孔，其前方有一 $\phi23$ 深 3 的圆柱孔，在该孔的端面上均布三个 $M3$ 螺纹孔，后方有一同轴 $\phi18H8$ 深 6 的圆柱孔且孔口倒角为 $C1.5$，沿轴线中间处有一个 $\phi4$ 孔与 $\phi15H7$ 孔相通。

半径为 $R18$ 半圆柱的右侧叠加一长为 3 形状为 ∩ 形凸台，左侧挖切一个直径 $\phi36$ 的凹槽，该凹槽端面上均布四个 $M3$ 螺纹孔；与 $R18$ 半圆柱同轴在内部有一个 $\phi18H8$ 通孔，该孔左右两端的孔口倒角为 $C2$，其后方自左到右有一宽为 5 的键槽，在键槽上下对称面处距左端面为 7 处有一个 $\phi5$ 孔与键槽相通；在 $R18$ 半圆柱下方距右侧端面 17 处有一个 $\phi9$ 孔与 $\phi18H8$ 孔相通；在距右侧凸台端面长度为 4 处自下而上、前后对称挖切一个宽度为 6 的方槽，与 $\phi18H8$ 孔相通，在该槽的端面上的一个 $\phi3$ 圆柱孔与 $\phi9$ 孔相通。

综合上述分析，想象出壳体的形状如图 8.26 所示。

 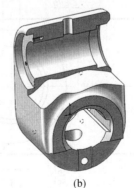

（a）　　　　　　　　　　　　　　（b）

图 8.26　壳体的立体图

【回答问题】

（1）*A—A* 剖视图如图 8.27 所示。

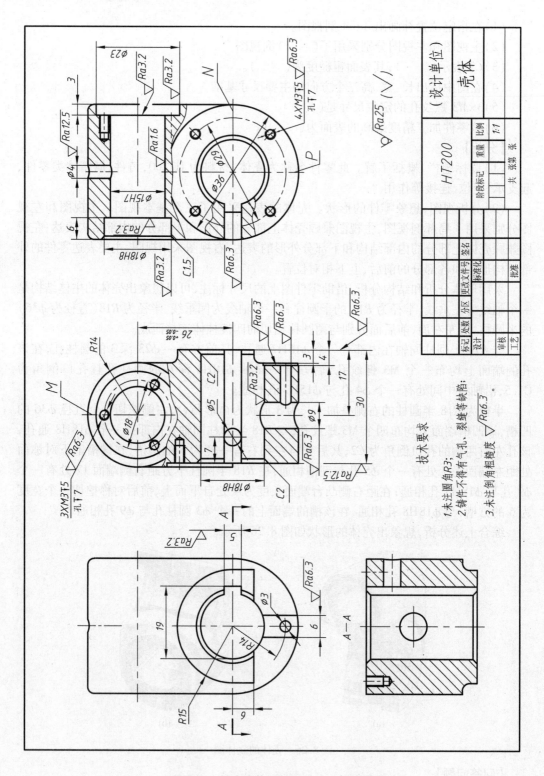

图 8.27　补全壳体零件图的 A–A 剖视图

（2）主视图和左视图分别采用了（局部）剖视图。

（3）C2 表示（轴向距离为 2 的 45°倒角）；其表面粗糙度为（ $\sqrt{Ra6.3}$ ）。

（4）长、宽、高三个方向的主要尺寸基准分别为 M、P、N，如图 8.27 所示。

（5）3×M3 螺纹孔的定位尺寸是（φ18）。

（6）该零件加工精度最高的表面为（φ15H7 孔 ）。

8.5　自测习题

题 8.1　已知支架工作位置的轴测图（题图 8.1），根据轴测图，绘制支架的零件图。

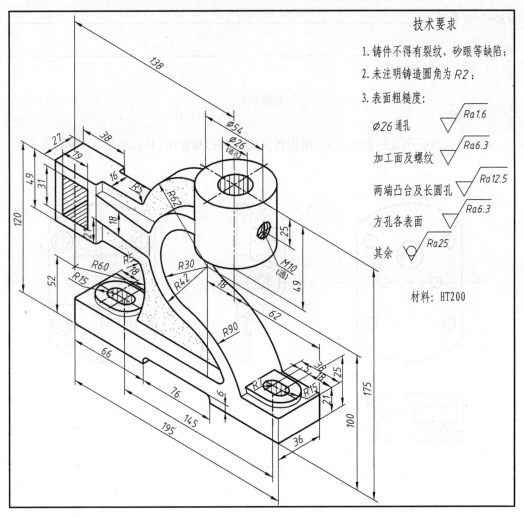

技术要求

1. 铸件不得有裂纹、砂眼等缺陷；

2. 未注明铸造圆角为 R2；

3. 表面粗糙度：

φ26 通孔　　$\sqrt{Ra1.6}$

加工面及螺纹　$\sqrt{Ra6.3}$

两端凸台及长圆孔　$\sqrt{Ra12.5}$　$\sqrt{Ra6.3}$

方孔各表面　$\sqrt{Ra25}$

其余　$\sqrt{}$

材料：HT200

题图 8.1

题 8.2　根据装配图中所注的配合尺寸,分别在相应的零件图上注出公称尺寸和偏差值,并说明这两个配合尺寸的含义(题图 8.2)。

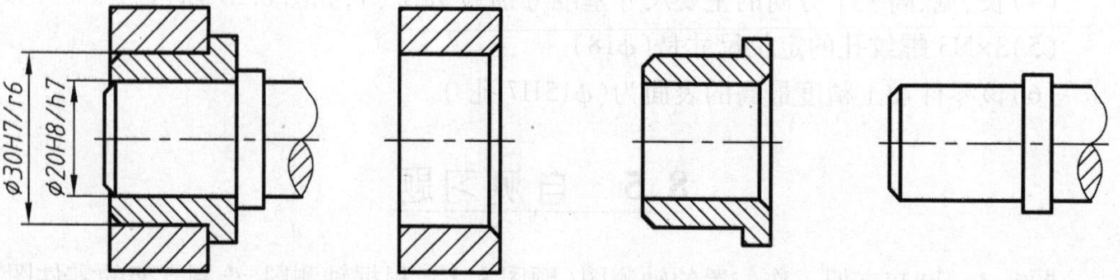

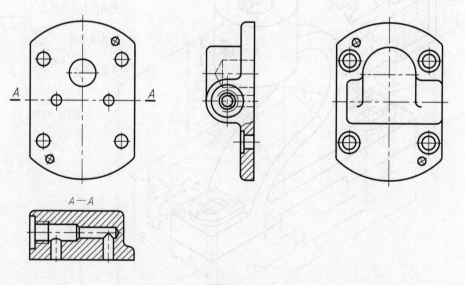

$\phi30H7/r6$ 表示 _____

$\phi20H8/h7$ 表示 _____

题图 8.2

题 8.3　分析泵盖的表达方案,指出各视图的名称和作用,并标注尺寸(题图 8.3)。

题图 8.3

题8.4　根据表中所给定的表面粗糙度参数值,在视图中标注相应的表面粗糙度代号(题图8.4)。

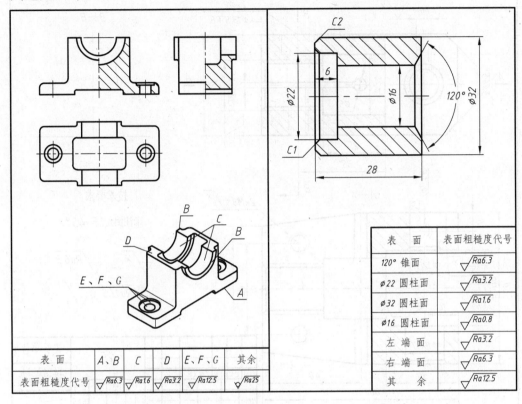

表　面	A、B	C	D	E、F、G	其余
表面粗糙度代号	√Ra6.3	√Ra1.6	√Ra3.2	√Ra12.5	√Ra25

表　面	表面粗糙度代号
120°锥面	√Ra6.3
∅22圆柱面	√Ra3.2
∅32圆柱面	√Ra1.6
∅16圆柱面	√Ra0.8
左端面	√Ra3.2
右端面	√Ra6.3
其　余	√Ra12.5

题图8.4

题8.5　指出左图中表面粗糙度代号的标注错误(打"×"),并在右图中正确标注(题图8.5)。

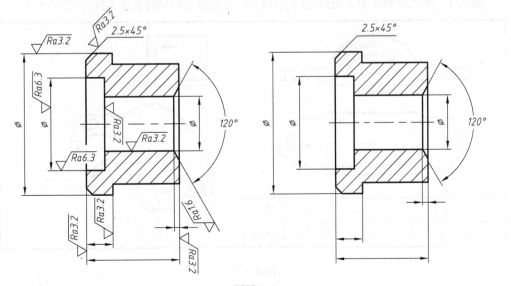

题图8.5

题8.6 读懂连接块零件图,补画出 *B—B* 半剖视图(题图8.6)。

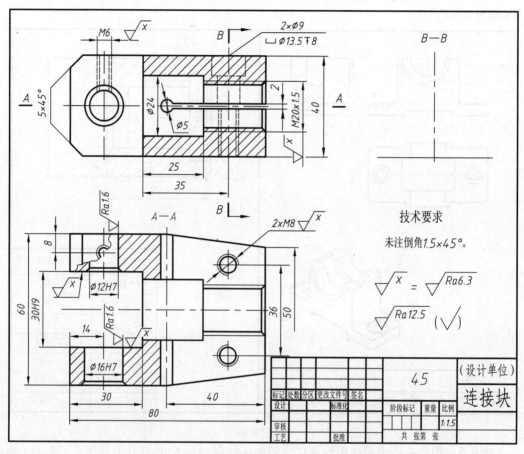

题图 8.6

题8.7 根据轴测图中下表指定的表面粗糙度,在视图的相应表面上标注(题图8.7)。

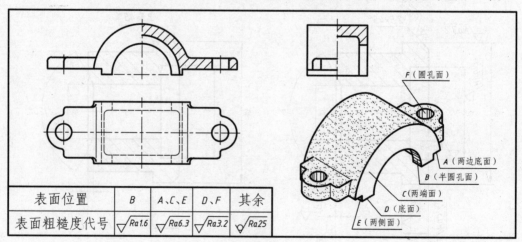

表面位置	*B*	*A、C、E*	*D、F*	其余
表面粗糙度代号	√Ra1.6	√Ra6.3	√Ra3.2	√Ra25

题图 8.7

题 8.8　标注拨叉的尺寸并补画出 B 向视图（题图 8.8）。

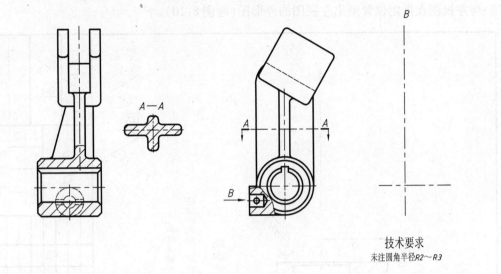

技术要求
未注圆角半径R2～R3

题图 8.8

题 8.9　根据装配图中的配合代号，说明配合基准制和配合种类，并分别在零件图中注出公称尺寸和公差带代号（题图 8.9）。

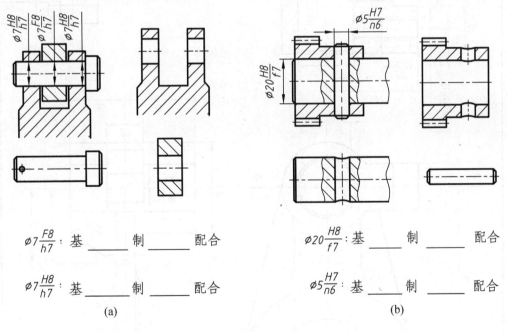

$\phi 7\dfrac{F8}{h7}$：基 ＿＿＿＿ 制 ＿＿＿＿ 配合

$\phi 7\dfrac{H8}{h7}$：基 ＿＿＿＿ 制 ＿＿＿＿ 配合

(a)

$\phi 20\dfrac{H8}{f7}$：基 ＿＿＿＿ 制 ＿＿＿＿ 配合

$\phi 5\dfrac{H7}{n6}$：基 ＿＿＿＿ 制 ＿＿＿＿ 配合

(b)

题图 8.9

题 8.10　读懂拨叉零件图,分析其尺寸和尺寸基准,在图上标出各个方向的尺寸基准;将左视图在指定位置画出左视图的外形图(题图 8.10)。

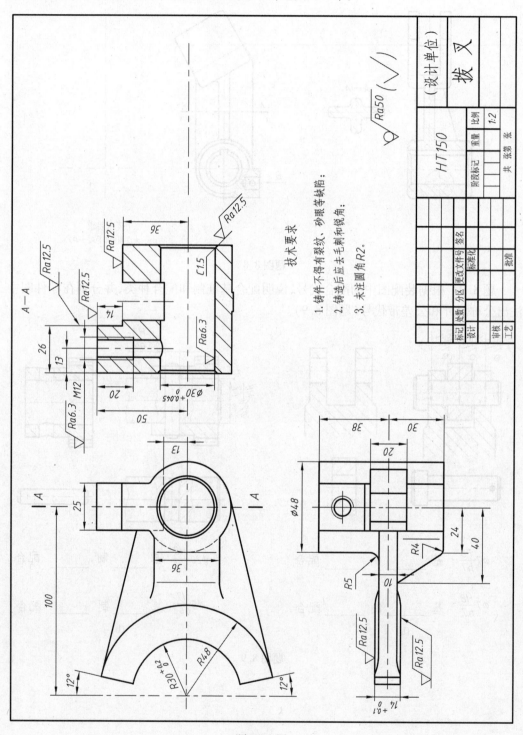

题 8.10 图

题 8.11　读懂零件图,指出主视图,补出全剖的俯视图并指出尺寸基准(题图 8.11)。

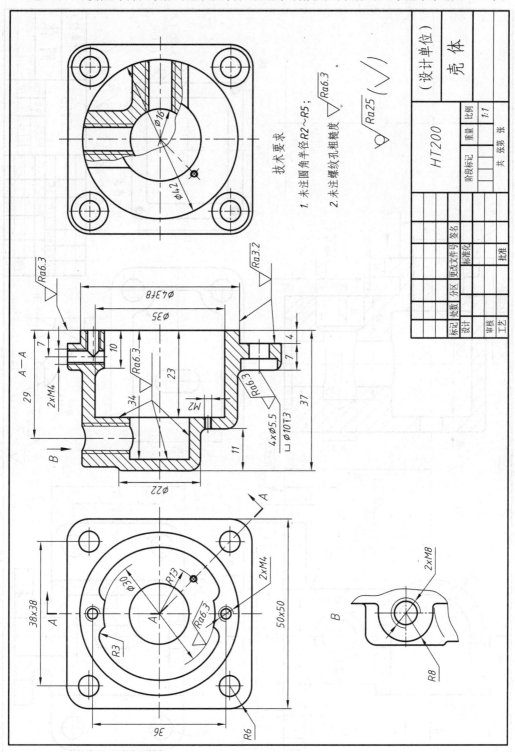

题 8.11 图

题 8.12 读懂阀体零件图,在指定位置补画出左视图的外形图(题图 8.12)。

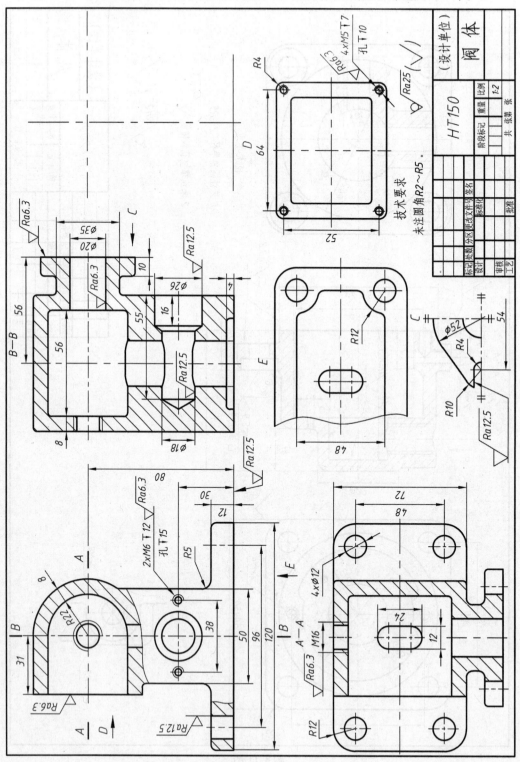

题 8.12 图

题 8.13　已知:轴与孔的公称尺寸为 φ20,采用基轴制配合,轴的公差等级为 IT6,孔的基本偏差代号为 N,公差等级为 IT7(图题 8.13)。

要求:(1)在零件图上分别注出公称尺寸和公差带代号,并写出偏差值。

(2)在装配图上标注公称尺寸和配合代号,并说明其配合种类。

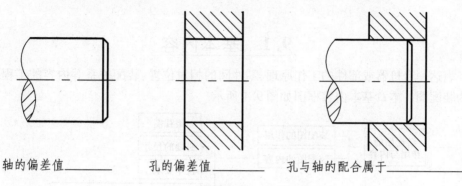

轴的偏差值_____　　孔的偏差值_____　　孔与轴的配合属于_____

题图 8.13

第9章

装 配 图

9.1 基本内容

表达一台机器或部件的工作原理、零件间的相对位置、装配关系等内容的工程图样，称为装配图。本章基本内容框图如图 9.1 所示。

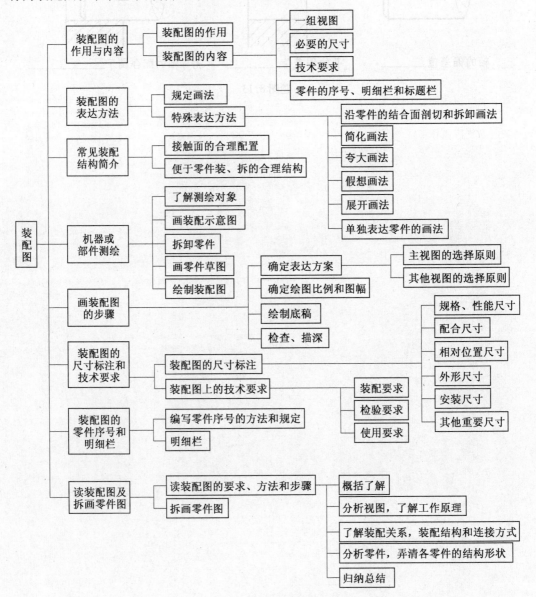

图 9.1 基本内容框图

9.2   重点与难点

(1)重点:画装配图,读装配图并拆画零件图。
(2)难点:装配图表达方案的选择,读装配图并拆画零件图。

9.3   画装配图

9.3.1   学习要点

表达机器或部件的方法与表达零件的基本方法相同,两者均采用各种视图、剖视图、断面图等表达方法。但装配图主要表达装配体的工作原理与零件之间的相互关系,因而又有规定画法和特殊的表达方法。零件图与装配图的区别见表 9.1。

表 9.1   零件图与装配图的区别

	零件图	装配图
一组视图	要求这一组视图将零件的结构、形状和各部分相对位置等具体细节完全确定下来	以表达零、部件的工作原理、连接和装配关系以及主要零件的结构为目的,各个零件的结构形状不要求完全表达清楚 用于表达零件的一组视图的表达方法可以使用以外,另有规定画法、特殊画法和简化画法
尺寸标注	将零件整体和各部分的形状和大小、位置完全确定,包括定形尺寸、定位尺寸及总体尺寸	表达配合关系,部件性能、规格和特征以及与其他零部件的安装关系,所以只需标注少量的相关尺寸
技术要求	为保证加工质量、检验而设,多以代号标注为主、文字说明为辅,如表面结构要求、尺寸公差、几何公差、材料的热处理等	为装配、安装、调试而说明,多以文字表述为主
其他	有标题栏	除标题栏外,尚有零件编号、明细栏,便于读图和管理

画装配图时,按画图顺序分为两种方法:一种方法是从各装配线的核心零件开始,所谓"由内向外"按装配关系逐层画出各个零件,最后画出起支撑、包容作用的箱体等零件,这种画图过程实际是机器或部件的设计过程,此时没有零件图,根据画好的装配图拆画零件图;另一种方法是将起支撑、包容作用的零件如箱体、壳体或支架等零件画出,按装配关系依次画出其他零件,即"由外向内"画,这种画图过程的特点是根据已有零件图"拼画"装配图。机械制图课程侧重于拼画装配图,具体内容参见例 9.1。

画装配图的要点如下:

1. 分析零部件

画装配图之前,先读懂全部的零件图及相关的资料,弄清各零件的结构形状、尺寸及技术要求。根据装配示意图、直观图了解装配体的功用、结构特点、工作原理及零件间的装配关系等。

2. 确定表达方案

装配图侧重表达机器或部件的工作原理和零件间的装配关系,因此,装配图的视图表达应遵循下面的原则。

(1)主视图的选择原则。

① 将机器或部件按工作位置放置,尽量使机器或部件的装配干线或主要安装面处于水平或铅垂位置。

② 能较好地反映机器或部件的工作原理、装配关系和形状特征。

③ 一般要沿着装配干线作全剖、半剖或局部剖。

(2)其他视图的选择原则。

①用于补充主视图有关工作原理、装配及连接关系、传动路线和主要零件结构形状等尚未表达清楚的内容。

②检查组成部件的零件是否表达完全,每种零件在装配图中应至少出现过一次。

③便于看图、标注尺寸、排列序号及合理利用图纸等。

3. 画装配图

画装配图时,一般情况下各视图应同时进行,以确保投影关系正确。画完底搞后,必须认真检查每条装配线零件的位置和装配关系是否表达完全,擦去多余的线条后再加深。

4. 标注装配图的尺寸及技术要求

装配图应标注与零部件有关的尺寸:性能规格尺寸、配合尺寸、相对位置尺寸、安装尺寸及外形尺寸等。装配图的技术要求主要说明机器或部件的性能、装配、检验、测试和使用等方面的具体要求,一般用文字、数字或符号注写在明细栏的上方或图纸的适当位置,必要时也可另外编写技术文件。

5. 编写零件序号和填写标题栏及明细栏

(1)为了便于读装配图,装配图中所有的零、部件必须编序号。

① 一个零、部件只编写一个序号且一般只标注一次。

②零、部件的序号与明细栏中的序号应一致。

③序号优先采用不分视图,顺时针或逆时针按水平或垂直方向排列在一直线上。

(2)装配图中的标题栏和零件图中的基本相同,标准标题栏参见国家标准。由于编写教材篇幅的限制,本章装配图均采用简化标题栏。

(3)明细栏是由序号、代号、名称、数量、材料、重量和备注等内容组成。

①当明细栏绘制在装配图中时,应紧接在标题栏上方按由下而上的顺序填写序号,如图9.2所示。国家标准规定了其格式和尺寸,本章的装配图均采用简化明细栏。

② 当由下而上延伸位置不够时,可紧靠在标题栏的左边自下而上延续,如图9.6所示。

③ 当装配图中不能配置明细栏时,可作为装配图的续页按 A4 幅面单独给出,其序号填写顺序是由上而下延伸,可连续加页,但应在明细栏下方配置与装配图完全相同的标题栏。

6. 拼画装配图的注意事项

(1)当部件中某些零件位置可变,具有不同状态时,在装配图中应画成工作状态或有调整余地的中间状态。如图9.2手压阀的轴测图,阀杆5应画成关闭截流状态;弹簧3应画成受力压缩状态;锁紧螺母7退刀槽的上表面与阀体的上表面间留有间隙,若填料6磨损,密封效果不佳时留有可调整的余地。

（2）装配线上零件较多,互相关联、影响,会出现"一错都错"的连锁反应。在画装配图时,应边画边检查装配关系、投影关系和画法等是否有错误,确保发现错误,及时改正。

（3）当各视图所表示的装配线间相互关系不大时,可采用集中画完一个视图再画另一个视图的方法,而不必拘泥于"同时进行"。

（4）画装配图时,经常使用简化画法,主要有以下几种:

① 在装配图中,零件的倒角、圆角、凹坑、沟槽及其他细节可不画出。

② 对于装配图中若干相同的零、部件,可以仅详细画出一处,其余则以点画线表示中心线位置即可,如螺钉组的处理。

③ 在装配图中,当剖切平面通过某些标准产品的组合件,或该组合件已在其他视图上表达清楚时,可以只画出其外形图。如装配图中的滚动轴承需要表示结构时,可在一侧用规定画法,另一侧用简化画法表示,如图9.12所示。

9.3.2 例题解析

【例9.1】 根据手压阀的轴测图（图9.2）和零件图（图9.3）拼画装配图。

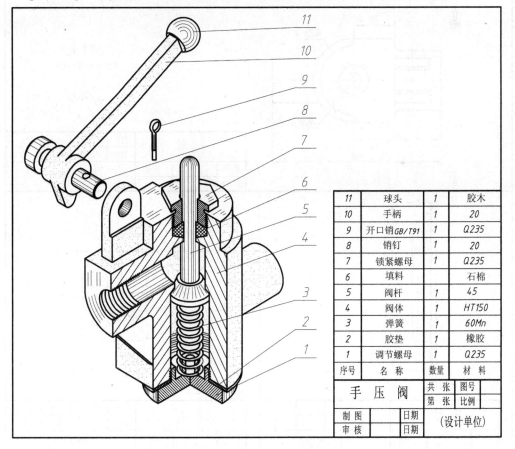

11	球头	1	胶木
10	手柄	1	20
9	开口销GB/T91	1	Q235
8	销钉	1	20
7	锁紧螺母	1	Q235
6	填料		石棉
5	阀杆	1	45
4	阀体	1	HT150
3	弹簧	1	60Mn
2	胶垫	1	橡胶
1	调节螺母	1	Q235
序号	名　称	数量	材　料

手 压 阀

图9.2　手压阀的轴测图

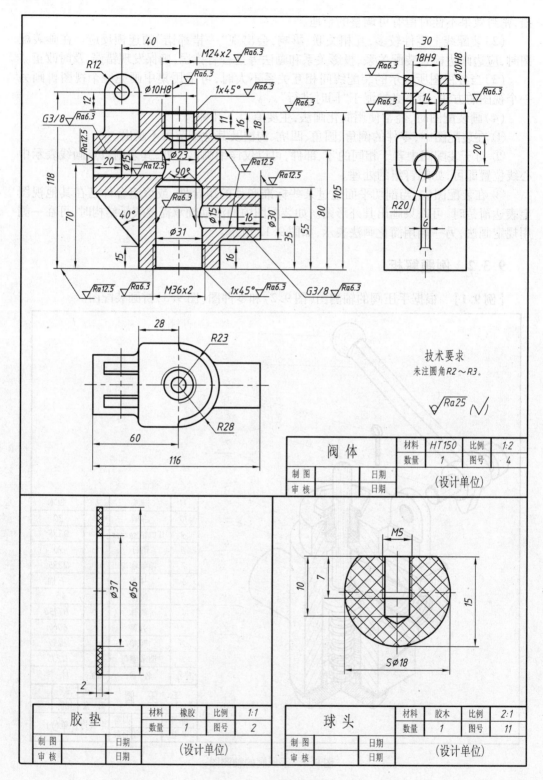

图 9.3　手压阀的零件图

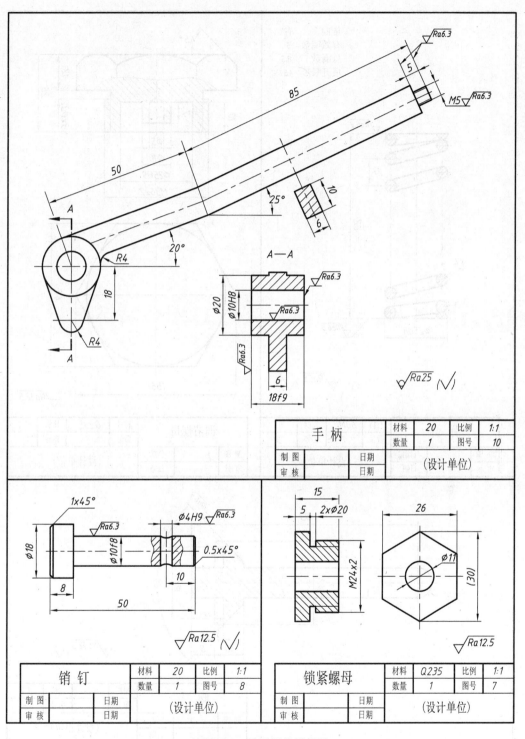

手 柄	材料	20	比例	1:1
	数量	1	图号	10
制 图		日期		(设计单位)
审 核		日期		

销 钉	材料	20	比例	1:1
	数量	1	图号	8
制 图		日期		(设计单位)
审 核		日期		

锁紧螺母	材料	Q235	比例	1:1
	数量	1	图号	7
制 图		日期		(设计单位)
审 核		日期		

续图 9.3　手压阀的零件图

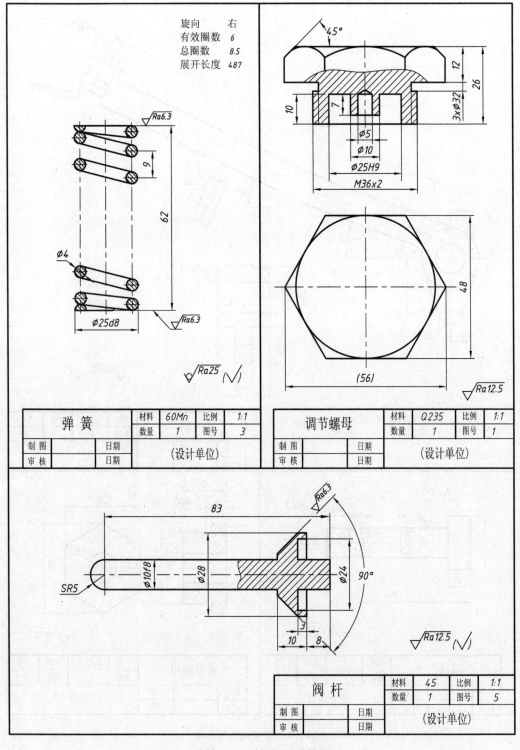

续图9.3　手压阀的零件图

1. 分析零部件

(1)了解工作原理。手压阀是吸进或排出液体的一种手动阀门,当握住手柄压紧阀杆时,弹簧因受力压缩使阀杆向下移动,液体入口与出口相通;手柄向上抬起时,由于弹簧弹力作用,阀杆向上移动,压紧阀体,使液体入口与出口不通。

(2)读零件图。读手压阀各零件图的步骤和方法省略,详见第 8 章零件图。

(3)分析零件间的连接方式。手压阀各零件间的连接主要是螺纹连接,具体分析如下:

① 球头 11 的内螺纹 M5 和手柄 10 的外螺纹 M5 的螺纹连接;

② 锁紧螺母 7 的外螺纹 M24×2 与阀体 4 的内螺纹 M24×2 的螺纹连接;

③ 调节螺母 1 的外螺纹 M36×2 与阀体 4 的内螺纹 M36×2 的螺纹连接;

④ 阀体 4 的进口和出口为 G3/8 管螺纹,与管路间由 G3/8 管螺纹实现连接。

(4) 分析零件间的配合性质和相对运动。配合性质是分析部件工作原理的重要依据。手压阀装配中具体的配合如下:

①手柄 10 的 ϕ10H8 孔与销钉 8 的 ϕ10f8 轴是一处配合,销钉 8 的 ϕ10f8 轴与阀体 4 的 ϕ10H8 孔是另一对配合,这两处配合均为基孔制间隙配合,说明装配后的销钉 8 可以容易拆去;

②工作时为防止销钉 8 轴向移动,用开口销 9 固定;

③手柄 10 的 18f9 与阀体 4 的 18H9 的配合为间隙配合,便于手柄在阀体上准确定位;

④阀杆 5 的 ϕ10f8 与阀体 4 的 ϕ10H8 的配合为间隙配合,便于阀杆在阀体中上、下移动,填料 6 所起的作用是密封,防止漏油。

根据以上分析,手压阀有两条装配线。

第一条:沿阀体垂直中心线的若干零件,由上至下依次为锁紧螺母 7、填料 6、阀杆 5、弹簧 3、胶垫 2 和调节螺母 1,此装配线为主要装配线。

第二条:沿阀体左上侧立板的 ϕ10H8 孔中心线的若干零件,依次为销钉 8、手柄 10 和开口销 9。

2. 确定表达方案

(1)手压阀装配体的摆放位置。手压阀装配体可按轴测装配示意图的位置放置。

(2)确定主视图的投射方向和表达方案。阀体零件图中 ϕ31 孔轴线为主要装配线,与阀体零件图主视图的投射方向相同。

表达方案可选择为:主视图为局部剖视图,保留 1 号件调节螺母的外形。按阀关闭状态绘制。表达手压阀的装配关系、大部分工作原理、阀体零件的大部分形状和结构特点。

(3)选择其他视图。手压阀装配体的俯视图可拆去销钉 8、开口销 9、手柄 10、球头 11,以进一步表达阀体的外部形状;左视图可采用局部剖视图,进一步表达外形和手柄、阀体、销钉之间的装配关系。

3. 画装配图的步骤

(1)确定图纸幅面。根据手压阀的装配关系,估算各视图大小,确定各视图相对位置,确定图纸幅面,注意要留出标注尺寸、零件序号、标题栏及明细栏所用位置。

（2）定位布局。按阀体零件图的表达，先画出阀体的主要孔轴线位置。

（3）先画主要装配线，再画其他装配线。应先画出阀体，然后画阀杆、螺母、手柄、销钉，再画弹簧、调节螺母等，其余零件按顺序画出。

（4）画图时注意以下几处装配关系：

①如图9.4(a)所示，注意销钉8、手柄10、阀体4及开口销9等零件的装配画法；

②手柄10应与阀杆5的球体部分按相切绘制，如图9.4(b)所示；

③图9.4(b)所示，绘制锁紧螺母7时应留有调节余量，即锁紧螺母7拧紧后不能与阀体M24螺纹孔的上表面接触，应有5 mm左右的间隙，以备填料产生磨损调整之用。

④阀杆定位：阀体90°圆锥面要与阀杆上同样的外圆锥面接触，即按阀门关闭状态绘制。图9.4(c)为阀杆5装配到阀体4中的常见错误画法，应去掉阀体被阀杆遮挡的线，正确画法如图9.4(d)所示；

⑤图9.4(e)所示的画法中有两处错误，其一是应去掉被遮挡的图线，其二是锁紧螺母7的$\phi 11$孔与阀杆5的$\phi 10f8$轴为非接触面应画两条线，正确画法如图9.4(f)所示；

⑥弹簧3为压紧状态，即装配图弹簧的长度比弹簧零件图的长度要小，以保证阀门关闭。弹簧最好放在最后画。

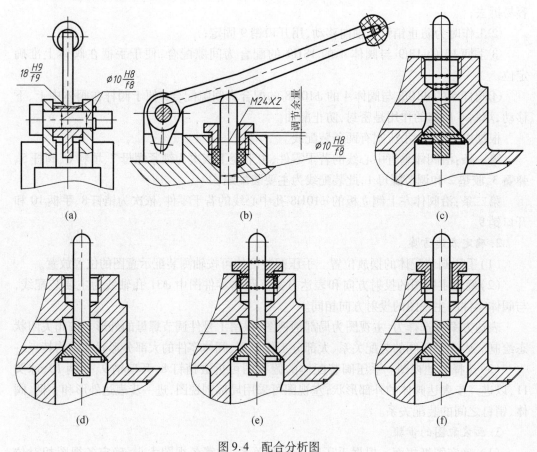

图9.4　配合分析图

4.标注装配图的尺寸和技术要求

（1）装配图的尺寸。

①规格性能尺寸。手压阀阀体进、出口的规格尺寸为G3/8，螺纹规格尺寸为M24×2、M36×2；

②配合尺寸。阀体4与阀杆5的配合尺寸为φ10H8/f8，销钉8与阀体4的配合尺寸为φ10H8/f8及销钉8与手柄10的配合尺寸为18H9/f9；

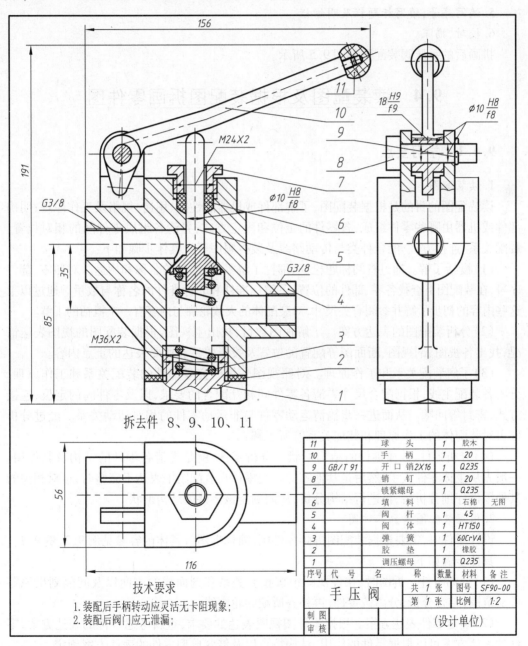

图9.5　手压阀装配图

③重要的相对位置尺寸。手压阀的重要尺寸 85 是装配时调整调节螺母时保证。

④外形尺寸。手压阀的总体尺寸是总长为 116、总宽为 56、总高为 191；

⑤安装尺寸。手压阀进、出孔的中心距 35 是重要的安装尺寸。

（2）装配图的技术要求。

手压阀装配图的技术要求可提出：装配后手柄转动应灵活无卡阻现象、阀门应无泄漏。

5. 编写序号，填写标题栏及明细栏

6. 校对，描深。

拼画后的手压阀装配图如图 9.5 所示。

9.4　读装配图及根据装配图拆画零件图

9.4.1　学习要点

1. 读装配图

读装配图的目的是根据装配图，了解部件或机器的性能、用途、规格及工作原理；明确部件或机器由哪些零件组成，各零件的定位和固定方式；弄清各组成零件间的相对位置、装配关系、连接方式、配合种类与传动路线及装拆顺序等。具体步骤如下：

（1）概括了解。通过查阅标题栏、明细栏了解零件、部件的名称和用途。对照零、部件序号，在装配图上查找各零、部件的位置，了解标准件和非标准件的名称与数量。通过以上这些内容的初步了解并参阅有关尺寸，对装配体的大致轮廓与内容有一个概括的了解。

（2）分析装配图的表达方案。了解视图数目，找出主视图，根据装配图的视图表达情况，找出各视图、剖视图、断面图等配置的位置及投影关系和所要表达的重点内容。

（3）了解装配关系和工作原理。对照视图仔细研究零部件的装配关系和工作原理。分析各装配主线，根据配合尺寸弄清各零件间相互配合的要求，以及零件间的定位、连接方式、密封等问题。从而进一步搞清运动零件与非运动零件的相对运动关系。经过分析即可对装配体的工作原理和装配关系有所了解。

（4）分析零件，读懂零件的结构形状。分析零件，就是弄清各零件的结构及其作用。一般先从主体零件入手，然后是其他零件。当零件在装配图中表达不完整时，可对相关的其他零件仔细分析后，再进行结构分析，从而确定该零件的结构形状。

2. 根据装配图拆画零件图

设计零件时，需要根据装配图拆画零件图，简称拆图。具体内容参见例 9.2、例 9.3。具体步骤如下：

（1）分离零件。拆图时，在各视图中按投影关系和剖面线的方向以及间隔划出该零件的范围，结合分析，分离该零件，再补齐所缺的轮廓线。

（2）确定零件表达方案。根据零件图视图表达的要求，重新考虑零件的表达方案，零件的表达方案可以根据零件的作用、结构特点以及借鉴典型零件的表达方案确定。

（3）零件结构形状的处理。由于零件图是零件加工检验的依据，故在装配图中被省略的工艺结构必须补画出来,如倒角、圆角及退刀槽等;在装配图上如有零件结构未表达清楚的部分,拆图时要根据零件的作用,主要结构以及与相邻零件的关系来确定,即构形设计。构形设计的原则是保证使用功能并便于加工制造。

(4)标注尺寸及技术要求。拆图标注尺寸时用下列五种方法确定尺寸数值:

①从装配图中"抄"尺寸。装配图中标注的与所拆零件有关的尺寸可直接"抄"下来。对注有配合代号的尺寸,还应在零件图上注出其上、下偏差或公差带代号。

②根据明细栏或相关标准"查"尺寸。凡与螺纹紧固件、键、销和滚动轴承等装配之处的尺寸均需如此。对于常见功能结构如 T 型槽、燕尾槽等和局部工艺结构如退刀槽、圆角等应查阅相关标准后标注出标准尺寸。

③根据公式计"算"尺寸。例如,在拆画齿轮零件图时,其分度圆、齿顶圆等均应根据模数、齿数等基本参数计算出来。

④从装配图中按比例"量"尺寸。零件上的多数非功能尺寸都是如此确定下来的。

⑤对于装配图中未确定下来的结构形状,在经过构形设计后将其尺寸定下来。

(5)填写所拆零件图的标题栏。根据装配图明细栏的相关内容填写标题栏。

9.4.2　例题解析

【例 9.2】　读如图 9.6 所示机用虎钳装配图并拆画零件图。

1. 读装配图

(1)概括了解。从标题栏了解装配体名称为机用虎钳,它是机床上的夹具;由明细栏可知,装配体由 4 个标准件和 7 个零件装配而成;绘图比例为 1 : 2.5,与图形对照,可想象机用虎钳的大小。

(2)分析装配图的表达方案。机用虎钳装配图用了三个基本视图、一个断面图、一个局部视图和一个局部放大图。主视图采用全剖视图,主要表达装配主干线、工作原理以及相邻零件间的配合和连接关系,在此基础上采用了局部放大图,表达螺杆 2 中矩形螺纹的结构;采用局部剖视图表达挡圈 8,靠销 7 在螺杆 2 上的轴向定位。俯视图采用局部剖视图,表达外形结构以及钳口板 4 和固定钳身 3 之间的螺钉连接。左视图采用半剖视图,表达固定钳身 3 的内部结构以及方块螺母 10 和固定钳身 3 的配合;A 向局部视图表达钳口板 4 的外部结构形状。机用虎钳装配图中的尺寸分析见表 9.2。

表 9.2　机用虎钳装配图的尺寸

尺寸类型	尺寸	尺寸分析
规格、性能尺寸	0 ~ 70	钳口的行程,决定能夹紧多大尺寸的工件
配合尺寸	$\phi14H9/f9$、$\phi24H9/f9$、80H9/f9、$\phi24H8/f7$	基孔制的间隙配合,配合性质的尺寸
安装尺寸	$2\times\phi11$、116、50	安装孔的定形、定位尺寸
外形尺寸	226、140、70	总体外形尺寸
其他尺寸	3、6、$\phi18$、$\phi24$、20	矩形螺纹的结构尺寸,螺杆到安装面的中心高

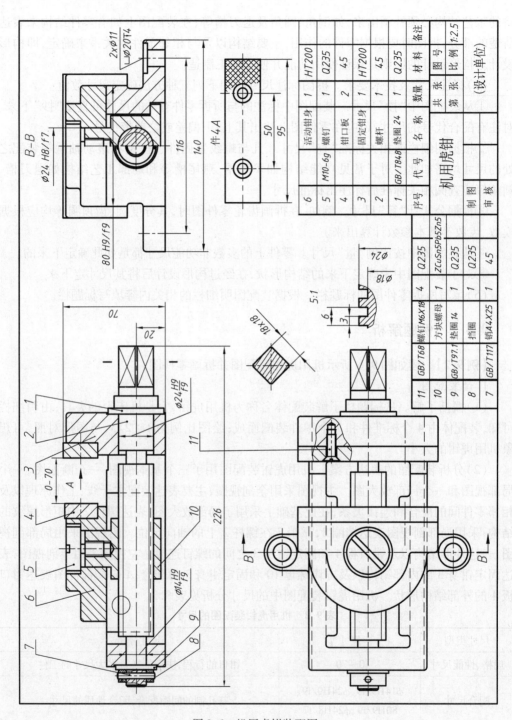

图9.6　机用虎钳装配图

（3）了解装配关系和工作原理。其工作原理是：当转动螺杆2时，通过方块螺母10带动活动钳身6做轴向移动，使钳口板4张开或闭合将工件松开或夹紧，当螺杆2在旋转时，为了避免螺杆2的轴肩和挡圈8同固定钳身3的左右两端面直接摩擦导致磨损，从而装配了垫圈 1 和 9。此外,螺杆 2 只能转动,不能做轴向移动。

经过以上分析,机用虎钳的装配线或安装顺序如图 9.7 和图 9.8 所示。

①将两个钳口板 4,分别用两个螺钉 11 装在固定钳身 3 和活动钳身 6 上;

②将方块螺母 10 先装入固定钳身 3 的槽中,同时将螺杆 2 装上垫圈 1,然后通过固定钳身 3 的孔从右向左旋出方块螺母 10 的孔,再将左端装上垫圈 9 和挡圈 8;

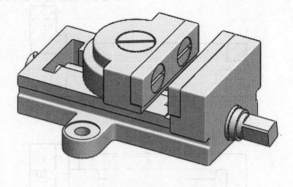

图 9.7 机用虎钳装配体

③加工销孔,并装入圆锥销 7,将挡圈 8 和螺杆 2 连接起来;

④将活动钳身 6 安装在固定钳身 3 上,同时对准方块螺母 10 上端的圆柱部分,并旋入螺钉 5。

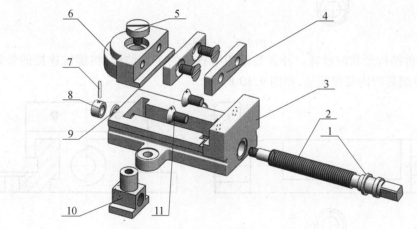

图 9.8 机用虎钳装配示意图

2. 拆画零件图

以拆画固定钳身 3 为例,说明拆图的步骤和方法。

(1)分离零件。在读懂机用虎钳装配图的基础上,将机用虎钳装配图中能确定的固定钳身部分想象清楚,确定下来。其方法是根据装配关系、投影关系、剖面线的方向和间隔、零件序号等将其他零件拆除并将固定钳身分离出来,如图 9.9 所示。对分离后的固定钳身检查是否有未确定的结构,若各部分形状已完全表达清楚,可不需要构形设计。

(2)确定表达方案。由于装配图与零件图的作用不同,表达重点也不同。装配图上的表达方案是基于"表达装配关系和工作原理",零件图的表达方案是基于"表达零件的结构和形状",尽管二者的表达方案可能相同,但不能简单地照抄装配图的表达方案,可参考装配图的表达方案,做适当的调整和补充,有时需要重新确定表达方案。固定钳身为箱体类零件,其表达方案可延用其装配图的表达方案;补上在装配图上被遮挡的线,如图 9.10 所示。

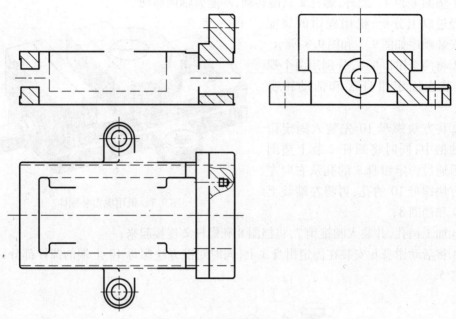

图 9.9　分离零件

（3）零件结构形状的处理。补齐装配图中省略的工艺结构；将螺纹连接的外螺纹画法修改为拆画后的内螺纹画法，如图 9.10 所示。

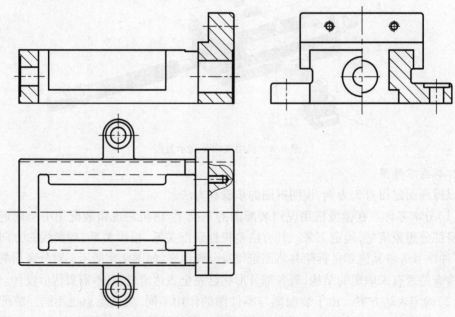

图 9.10　补漏线

（4）标注尺寸及技术要求。

①标注尺寸。

a. 从装配图中"抄"尺寸。装配图中与固定钳身 3 有关的尺寸共 7 个，分别为 20、ϕ14H9/f9、ϕ24H9/f9、80H9/f9、2×ϕ11、116，其中 20、2×ϕ11、116 直接抄到零件图上，其他

三个配合尺寸经分析后为 φ14H9、φ24H9、80f9 再抄到零件图上。

b. 从装配图中"查"尺寸。固定钳身上的内螺纹尺寸 2×M6 即是查阅明细栏螺钉 11 后标注。

c. 从装配图中"量"尺寸,如图 9.11 所示。

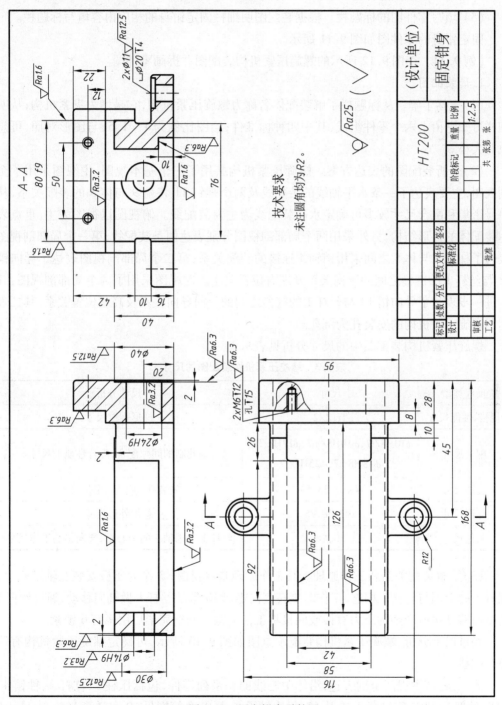

图 9.11　固定钳身零件图

②标注技术要求。

a. 根据各表面作用确定其粗糙度要求。

b. 根据需要可按公差带代号查出极限偏差后进行标注或只标注公差带代号。

c. 确定形位公差并标注,如图9.11所示。

(5) 填写零件图的标题栏。根据装配图明细栏固定钳身的相应内容填写标题栏。
固定钳身的零件图如图9.11所示。

【例9.3】 读图9.12所示的螺旋压紧机构装配图并拆画零件图。

1. 读装配图

(1)概括了解。从标题栏了解装配体名称为螺旋压紧机构,它是增力夹紧机构;从明细栏可知它由十六个零件组成,其中四种标准件;绘图比例为1∶1.5,与图形对照,可想象其大小。

(2)分析装配图的表达方案。螺旋压紧机构共用了三个基本视图,主视图采用了全剖视图,主要表达了一条水平轴线的装配线及两个螺钉11将盖9与体5的装配关系,从序号密集和配合尺寸较多可确定水平装配线为主要装配线。俯视图以视图为主,重点表达装配体的外形结构;另外采用两个局部剖视图分别表达两条装配线,第一个局部剖视图表达了杠杆3与体5之间采用销轴4连接的装配关系;第二个局部剖视图表达了导向销13与丝杆1的键槽之间的导向关系及左右位置关系。左视图采用了两个局部剖视图,其一进一步表达了导向销13与丝杆1的键槽之间的径向导向关系及高度位置关系,其二表达了螺旋压紧机构的安装孔为沉孔。

螺旋压紧机构装配图中的尺寸分析见表9.3。

表9.3　螺旋压紧机构装配图的尺寸

尺寸类型	尺寸	尺寸分析
规格、性能尺寸	Tr12×2	梯形螺纹尺寸
配合尺寸	$\phi10H8/f7$、$\phi10H8/m7$、$\phi12H8/f7$、$\phi18H8/f7$、$\phi25H8/f7$	基孔制的间隙配合,配合性质的尺寸
安装尺寸	4×$\phi7$、33、53	安装孔的定形、定位尺寸
外形尺寸	142、68、75	总体外形尺寸
其他尺寸	30、$\phi8$	丝杆1与销轴4的中心距,导向销的工作尺寸

(3)了解装配关系和工作原理。其工作原理是:将杠杆3作为压板安装在轴销4上,杠杆3的下端与丝杆1相连,工作时旋转套筒螺母10带动丝杆1做轴向移动,通过丝杆1的轴向移动将所产生的压力直接或间接将工件夹紧。调整完毕后用螺钉6锁紧。

经过以上分析,螺旋压紧机构装配示意图如图9.13所示,可确定螺旋压紧机构有四条装配线。

第一条:由主视图全剖表达,沿体中心线的一系列零件,包括压柱2、杠杆3、轴销4、体5、丝杆1、螺钉6、衬套7、垫片12、推力轴承8、盖9、套筒螺母10和弹簧16。

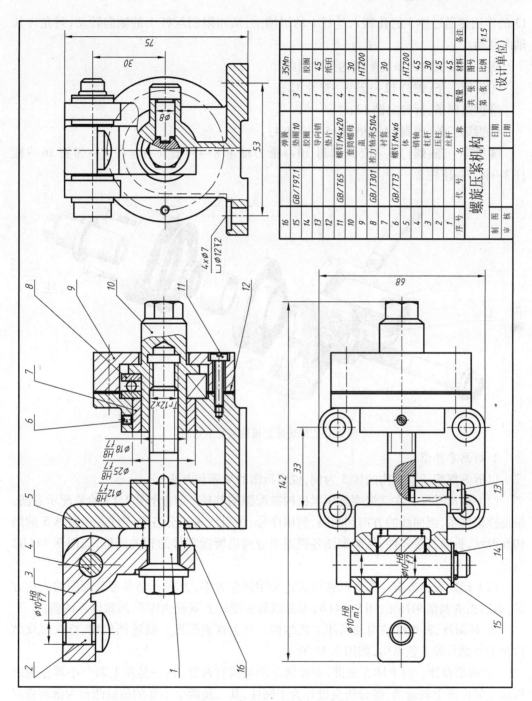

序号	代号	名称	数量	材料	备注
16		弹簧	1	35Mn	
15	GB/T97.1	垫圈10	3	胶圈	
14		胶圈	1	45	
13		导向销	1	纸珀	
12	GB/T65	垫片	1		
11		螺钉 M4x20	4	30	
10		套筒螺母	1	HT200	
9		盖	1	30	
8	GB/T301	推力轴承5104	1		
7		衬套	1	30	
6	GB/T73	螺钉 M4x6	1		
5		体	1	HT200	
4		销轴	1	45	
3		杠杆	1	30	
2		压柱	1	45	
1		丝杆	1	45	

螺旋压紧机构

（设计单位）

图号
比例 1:1.5

共 张
第 张

制图
审核

图 9.12 螺旋压紧机构装配图

第二条:由主视图表达,包括体 5、盖 9 和螺钉 11,此处为螺钉连接。

第三条:由俯视图局部剖表达,包括杠杆 3、体 5、胶圈 14、垫圈 15 和销轴 4,此处的胶圈 14 限制销轴 4 的轴向移动。

第四条:由俯视图局部剖和左视图局部剖共同表达,包括导向销 13 和丝杆 1,导向销

13 的作用是通过体 5 的孔装入丝杆 1 的键槽中,从而限制丝杆 1 的轴向转动,只允许其轴向移动。

螺旋压紧机构四条装配线的拆卸顺序。

①拆第二条:螺钉 11→盖 9→垫片 12;

②拆第四条:拆导向销 13;

③拆第三条:胶圈 14→垫圈 15→销轴 4;

④拆第一条:螺钉 6→套筒螺母 10→推力轴承 8→衬套 7→丝杆 1→弹簧 16→杠杆 3→体 5→压柱 2。

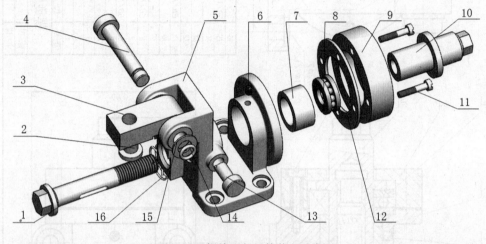

图 9.13　螺旋压紧机构装配示意图

2. 拆画零件图

以拆画螺旋压紧机构的体 5 为例,说明拆图的步骤和方法:

(1)分离零件。在读懂螺旋压紧机构装配图的基础上,结合图 9.13 的装配示意图,根据投影关系、剖面线的方向和间隔,利用序号、指引线来区分各个零件并保留体 5 的结构和形状,拆除其余零件,从装配图各视图中分离出所拆零件的相关线框,如图 9.14(b)所示。

(2)确定表达方案。体 5 的视图表达采用两个方案,方案一是参考装配图的表达方案,做适当的调整和补充,图 9.14(b)即是以装配图的方案表达体 5,需做以下调整:

① 补漏线、补螺纹结构及局部工艺结构。补上在装配图上被遮挡的线、修改螺纹结构画法及倒角等工艺结构,如图 9.15 所示。

② 构形设计。对于体 5 来讲,未曾确定的结构有两处,其一是左上两个小耳左侧的形状在装配图上被遮挡,经分析应设计为半圆柱,其二是两个小耳的前后凸台为薄圆柱或正方棱柱,由于此结构装配时分别与杠杆 3 和销轴 4 接触,而杠杆 3 和销轴 4 为圆形,故前后凸台也应设计为圆柱,如图 9.15 所示。

③ 补全视图。确定装配图上未表达完全和未确定的结构形状。仔细分析图9.14(b)体 5 的视图表达,尚有筋板的厚度未表达,应补充一个断面图;另外右侧半圆形台在装配图中是用虚线表达的,为此在其零件图中应补充 A 向局部视图,如图 9.15 所示。

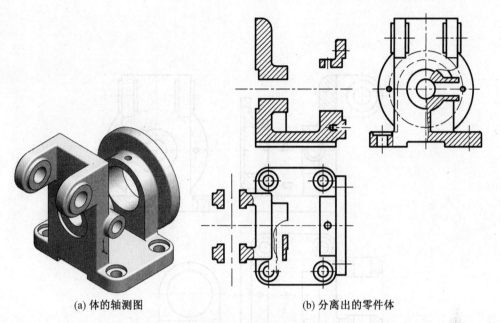

(a) 体的轴测图　　　　　　　　(b) 分离出的零件体

图 9.14　分离零件

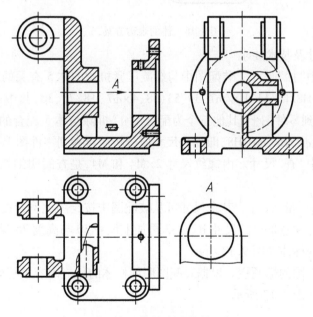

图 9.15　体的表达方案一

　　方案二是参考 9.14(a) 体 5 的轴测图重新选择其表达方案。与方案一不同之处是主视图采用了一个局部剖视图,表达了主要的内部结构并保留了部分外部结构,俯视图取消了一个局部剖视图,侧重表达外部结构。经分析选方案二作为体 5 的表达方案,如图 9.16 所示。

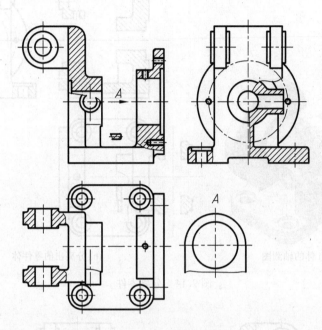

图 9.16 体的表达方案二

（3）标注尺寸及技术要求

①从装配图中"抄"尺寸。装配图中与螺旋压紧机构的体 5 有关的尺寸共十个,分别为 ϕ12H8/f7、ϕ25H8/f7、ϕ10H8/m7、33、53、68、4×ϕ7、ϕ8、75、30,其中 33、53、68、4×ϕ7、ϕ8、75、30 直接抄到零件图上,其他三个为配合尺寸,拆除与体 5 配合的零件后,属于体 5 的尺寸为 ϕ12H8、ϕ25H8、ϕ10H8,即配合尺寸应分析后再抄到零件图上;

②从装配图中"查"尺寸。内螺纹尺寸 2×M4 和 M4,是查阅明细栏螺钉 11 和螺钉 6 后获得;

③从装配图中"量"尺寸。其余尺寸可从装配图中按绘图比例直接量取,并调整为整数后标注,其中:应注意量出的尺寸 R12,33 再加上尺寸 30 与高度 75 保持一致;

④技术要求的标注如图 9.17 所示。

（4）填写零件图的标题栏。根据装配图明细栏体的相应内容填写标题栏。

体的零件图如图 9.17 所示。

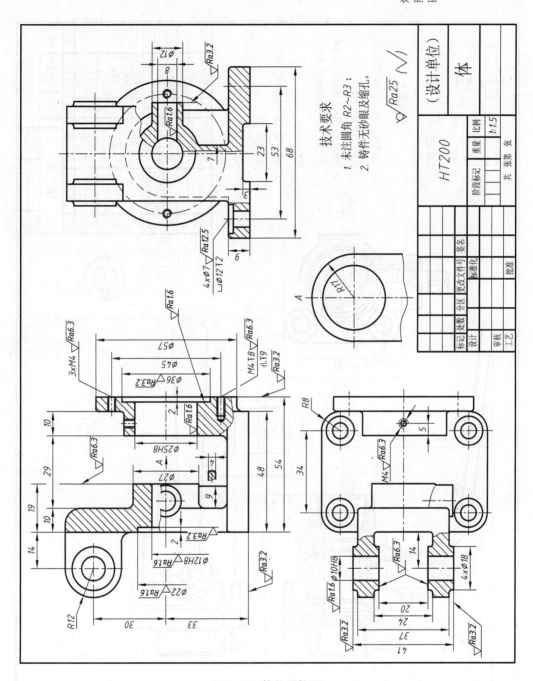

图 9.17　体的零件图

9.5　自测习题

题 9.1　读球阀装配图并拆画阀体零件图(题图 9.1)。

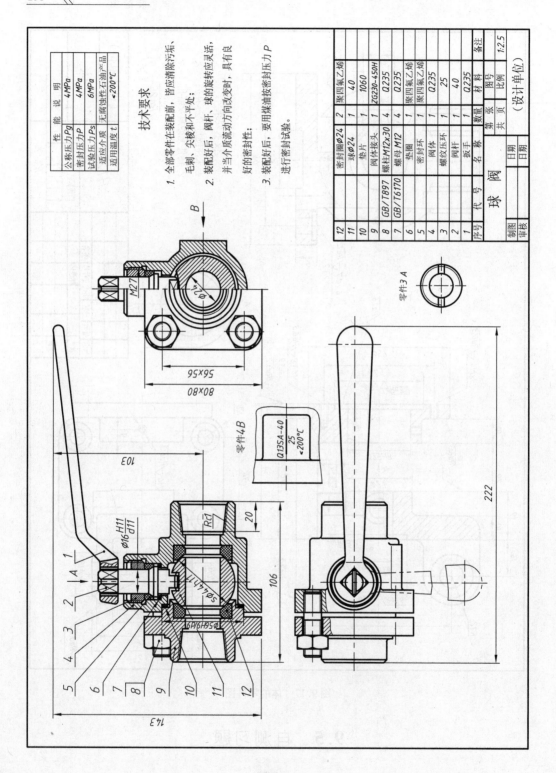

序号	代号	名称	数量	材料	备注
12		密封圈∅24	2	聚四氟乙烯	
11		球∅24	1	40	
10		垫片	1	1060	
9		阀体接头	1	ZG230-450H	
8	GB/T897	螺柱M12×30	4	Q235	
7	GB/T6170	螺母M12	4	Q235	
6		密封环	1	聚四氟乙烯	
5		阀体	1	聚四氟乙烯	
4		密封环	1	Q235	
3		螺纹压环	1	25	
2		阀杆	1	40	
1		扳手	1	Q235	

球阀

图号	比例	
	1:2.5	

制图

审核

第 张　共 页

日期

日期

（设计单位）

性 能	说 明
公称压力Pg	4MPa
密封压力P	4MPa
试验压力Ps	6MPa
适用介质	无腐蚀性石油产品
适用温度t	≤200℃

技术要求

1. 全部零件在装配前，皆应清除污垢、毛刺、夹棱和不平处；

2. 装配好后，阀杆、球的旋转应灵活，并当介质流动方向改变时，具有良好的密封性；

3. 装配好后，要用煤油按密封压力P进行密封试验。

题图 9.1

题9.2 读柱塞泵装配图并拆画泵体零件图（题图9.2）。

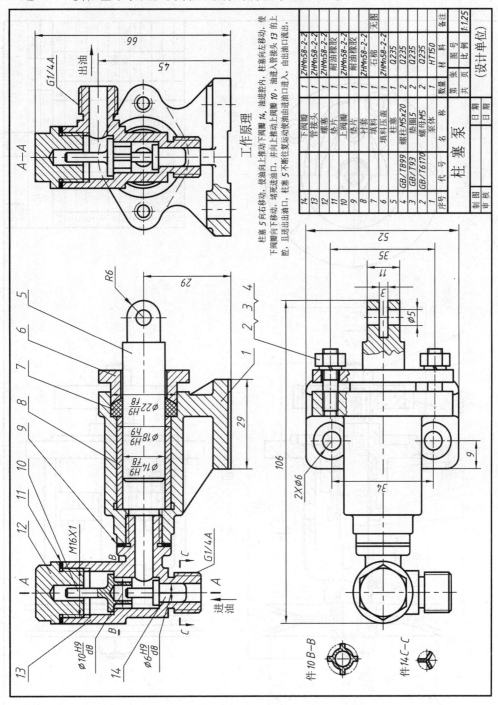

工作原理

柱塞 5 向右移动，使油向上推动下阀瓣 14，油进腔内，柱塞向左移动，使下阀瓣向下移动，堵死进油口，并向上推动上阀瓣 10，油进入管接头 13 的上腔，且送出出油口。柱塞 5 不断往复运动使油由进油口进入，由出油口流出。

序号	代 号	名 称	数量	材 料	图号 比例	备注
14		下阀瓣	1	ZHMn58-2-2		
13		管接头	1	ZHMn58-2-2		
12		垫片	1	耐油橡胶		
11		上阀瓣	1	ZHMn58-2-2		
10		垫片	1	耐油橡胶		
9		衬套	1	ZHMn58-2-2		
8		填料	1	石棉		
7		填料压盖	1	ZHMn58-2-2		
6		柱塞	1	Q235		
5	GB/T899	螺柱M5×20	2	Q235		
4	GB/T93	垫圈5	2	Q235		
3	GB/T6170	螺母M5	2	Q235		
2		泵体	1	HT150	无图	

柱 塞 泵 | 第 张 共 张 页 | 比例 1:1.25

（设计单位）

题图 9.2

题9.3 读传动机构装配图并拆画托架零件图(题图9.3)。

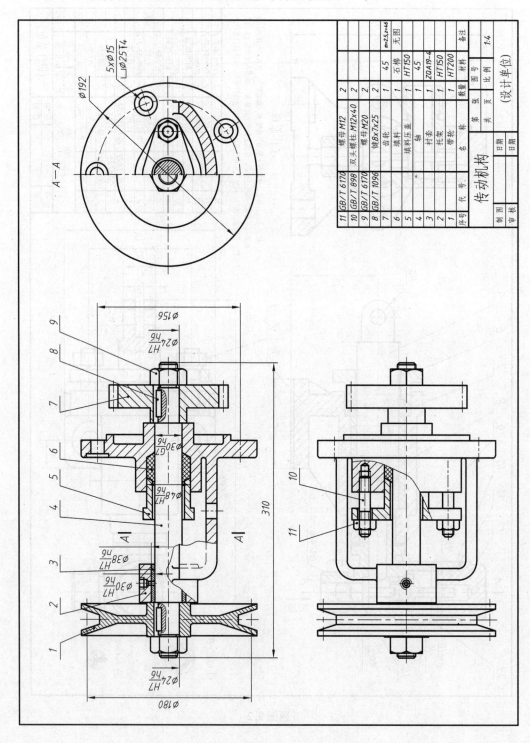

序号	代 号	名 称	数量	材 料	备注
11	GB/T 6170	螺母 M12	2		
10	GB/T 898	双头螺柱 M12×40	2		
9	GB/T 6170	螺母 M20	2		
8	GB/T 1096	键 8×7×25	2		
7		齿轮	1	45	m=2.5,z=46
6		填料	1	石棉	无图
5		填料压盖	1	HT150	
4		轴	1	45	
3		衬套	1	ZQA19-4	
2		托架	1	HT150	
1		带轮	1	HT200	

传动机构

(设计单位)

| 制图 | | 日期 | | 第 张 | 图号 | 比例 | 1:4 |
| 审核 | | 日期 | | 共 页 | | | |

题图9.3

题9.4 读齿轮油泵装配图并拆画泵体零件图(题图9.4)。

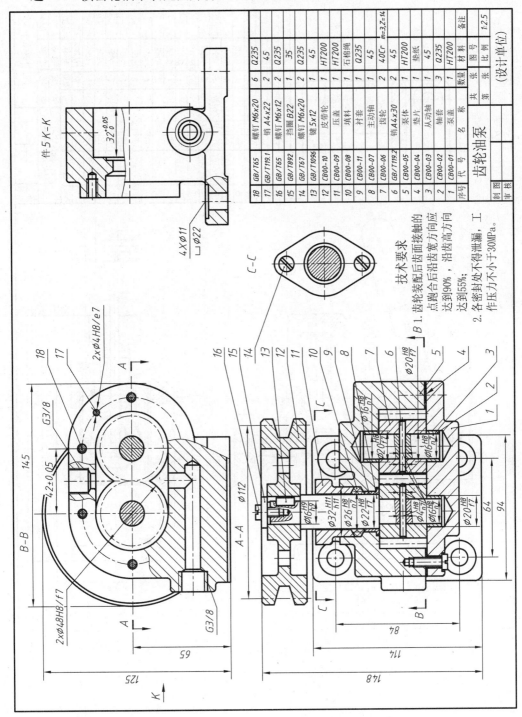

题图9.4

题9.5 读手压滑油泵装配图并拆画泵体零件图(题图9.5)。

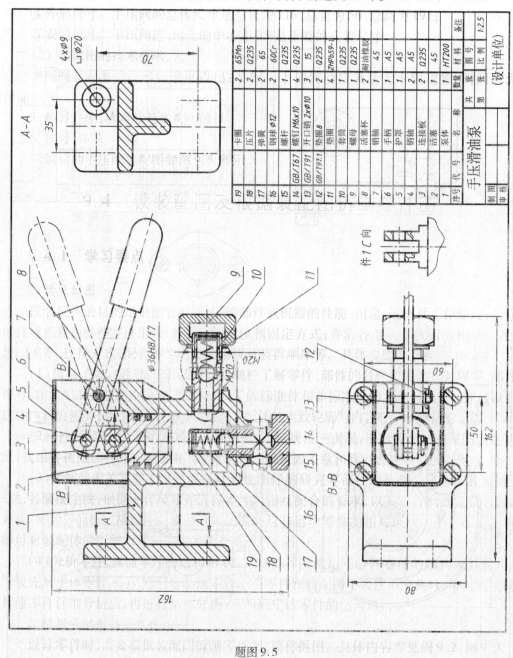

序号	代号	名称	数量	材料	备注
19		卡圈	2	65Mn	
18		压片	2	Q235	
17		弹簧	2	65	
16		钢球 φ12	2	60Cr	
15	GB/T67	螺杆	1	Q235	
14	GB/T91	螺钉 M6x10	4	Q235	
13	GB/T91	开口销 2x∅10	3	15	
12	GB/T97.1	垫圈 8	2	Q235	
11		套筒	4	2HPb59-1	
10		螺母	1	Q235	
9		活塞杯	1	耐油橡胶	
8		销轴	1	45	
7		手柄	1	45	
6		护罩	1	45	
5		销轴	1	45	
4		连接板	2	Q235	
3		活塞	2	45	
2		泵体	1	HT200	

手压滑油泵 共 张 第 张 比例 1:2.5 (设计单位) 制图 审核

A—A 4×∅9 ⌴∅20 70 35

件1C向

∅36H8/f7 M20 B—B 50 162 60 80

题图9.5

(1)分离零件 拆图时,在各图上按投影关系和剖面线的方向以及画法等,零件范围,结合分析,分离出一些零件,补充所缺的轮廓线。

(2)确定零件表达方案 根据零件图视图表达的要求,重新考虑零件的表达方案,零件的表达方案可以根据零件的作用、结构特点以及借鉴典型零件的表达方案确定。

(3)零件结构形状的处理 由于零件图是零件加工检验的依据,故在装配图中被省

自测习题答案

第1章 制图基本知识

题1.1

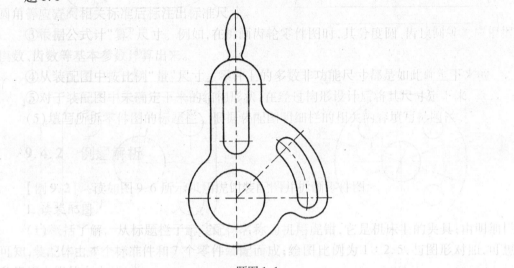

题图1.1

题1.2

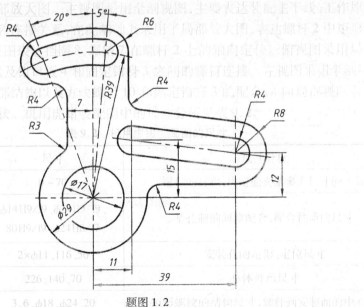

题图1.2

题 1.3

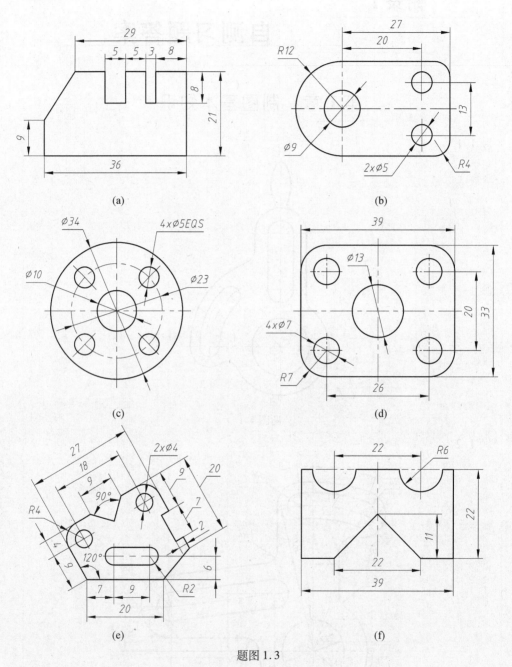

(a)

(b)

(c)

(d)

(e)

(f)

题图 1.3

第 **2** 章   点、直线和平面的投影及其相对位置

题2.1

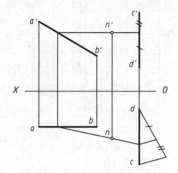

题图2.1

题2.2

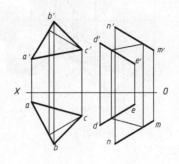

题图2.2

题2.3

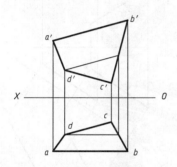

题图2.3

题2.4

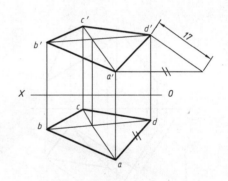

题图2.4

题2.5

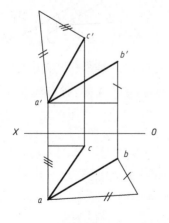

题图2.5

题2.6

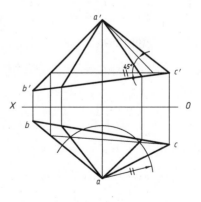

题图2.6

题 2.7

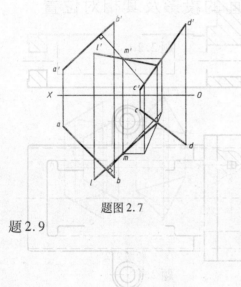

题图 2.7

题 2.8

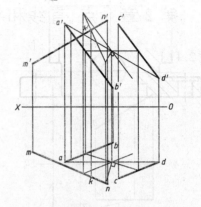

题图 2.8

题 2.9

题 2.10

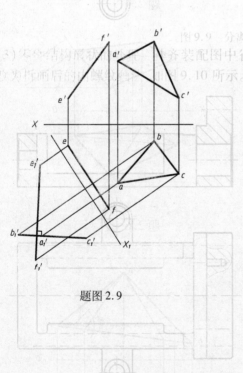

题图 2.9

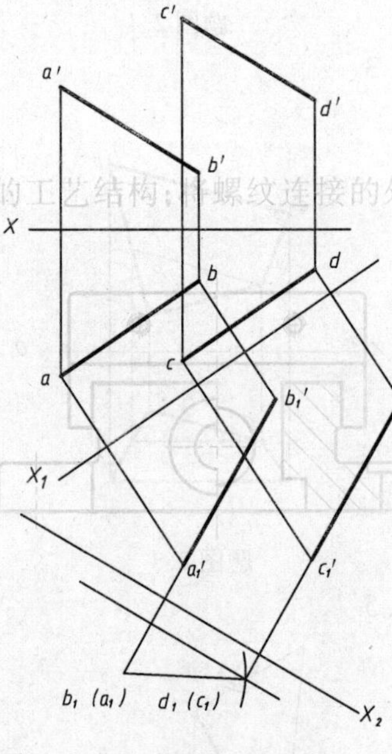

题图 2.10

三个配合尺寸经分析后为 φ14H9、φ24H9、80f9 再抄到零件图上。

b. 从装配图中

第 3 章 立体的投影及表面交线

题3.1 配图中"量"尺寸，如图9.11所示。

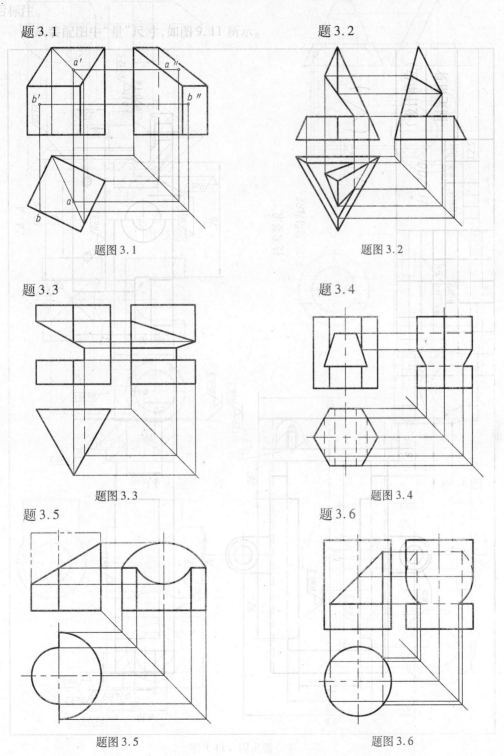

题图3.1

题3.2

题图3.2

题3.3

题图3.3

题3.4

题图3.4

题3.5

题图3.5

题3.6

题图3.6

题 3.7

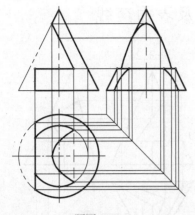

题图 3.7

题 3.8

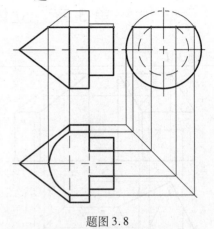

题图 3.8

题 3.9

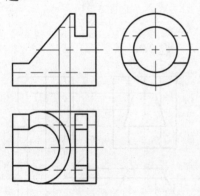

题图 3.9

题 3.10

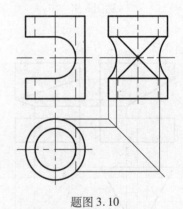

题图 3.10

题 3.11

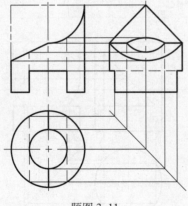

题图 3.11

题 3.12

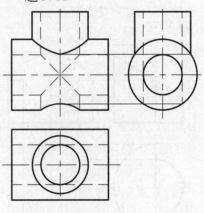

题图 3.12

题 3.13

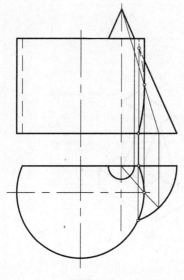

题图 3.13

题 3.14

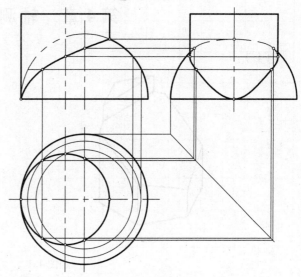

题图 3.14

题 3.15

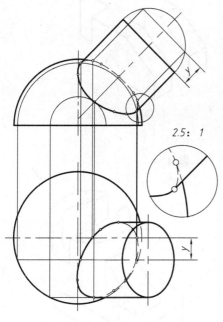

题图 3.15

题 3.16

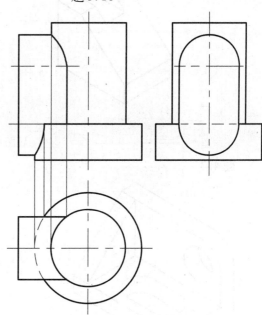

题图 3.16

第 4 章　轴测图

题4.1

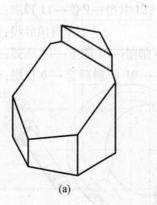

(a)

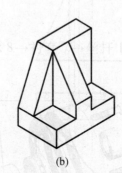

(b)

题图 4.1

题4.2

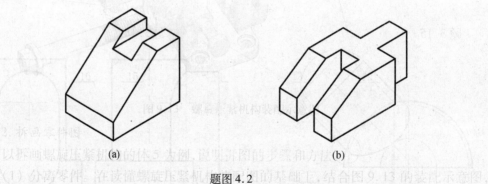

(a)

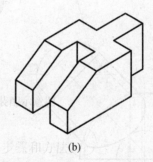

(b)

题图 4.2

题4.3

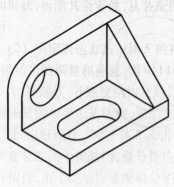

题4.4

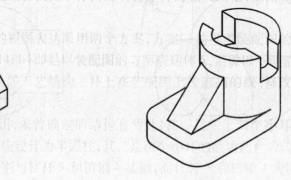

题图 4.3

题图 4.4

题4.5

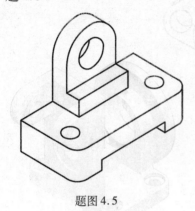

题图4.5

题4.6

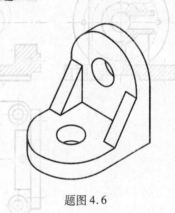

题图4.6

题4.7

题图4.7

题4.8

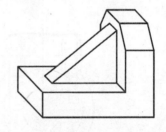

题图4.8

题4.9

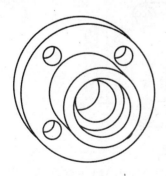

题图4.9

题4.10

题图4.10

题 4.11

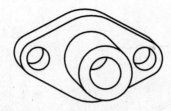

题图 4.11

第 5 章　组合体

题 5.1

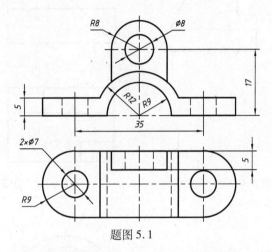

题图 5.1

题 5.2

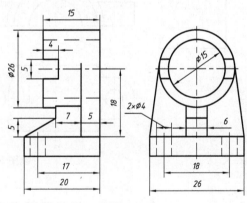

题图 5.2

题 5.3

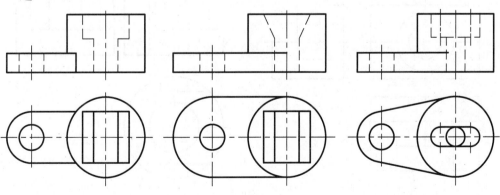

题图 5.3

题 5.4

题 5.5

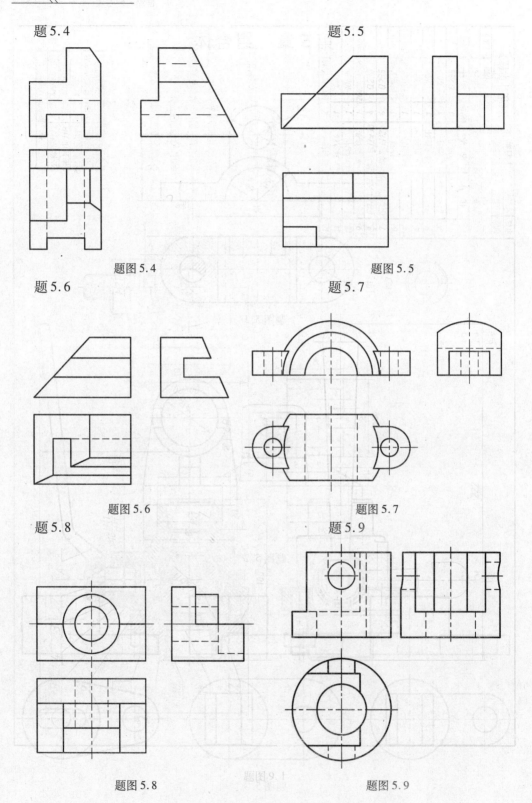

题图 5.4

题 5.6

题 5.7

题图 5.5

题图 5.6

题 5.8

题图 5.7

题 5.9

题图 5.8

题图 5.9

题 5.10 读柱塞泵装配图片拆画泵体零件图（题图 9.2）

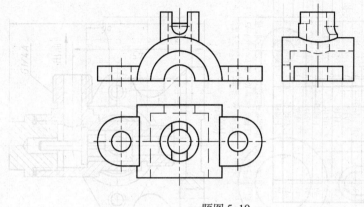

题图 5.10

题 5.11

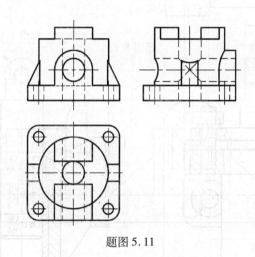

题图 5.11

题 5.12

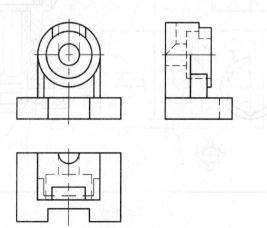

题图 5.12

题 5.13

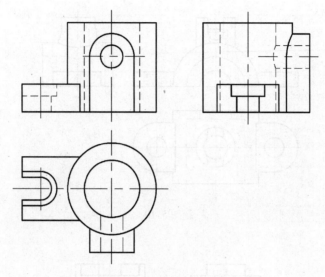

题图 5.13

题 5.14

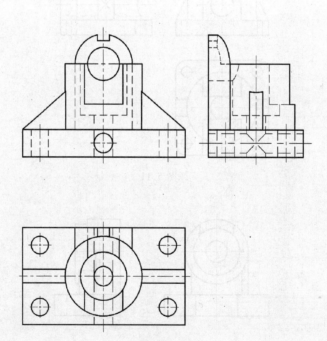

题图 5.14

第6章　机件的表达方法

题 6.1

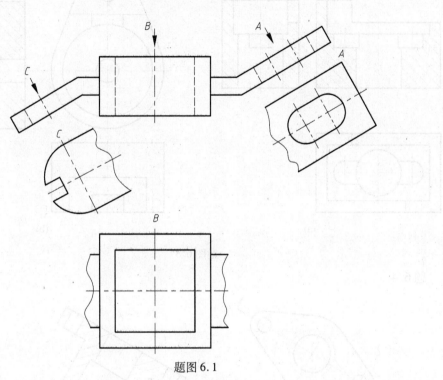

题图 6.1

题 6.2

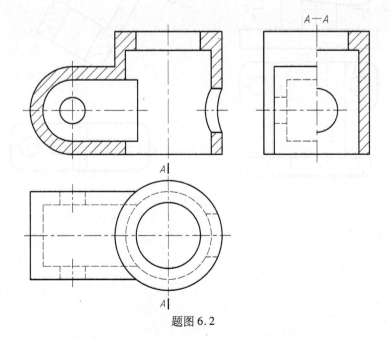

题图 6.2

题 6.3

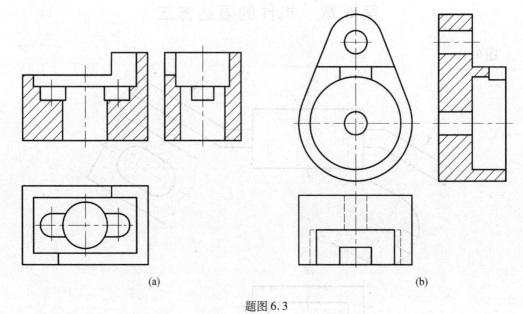

(a)　　　　　　　　　　　　(b)

题图 6.3

题 6.4

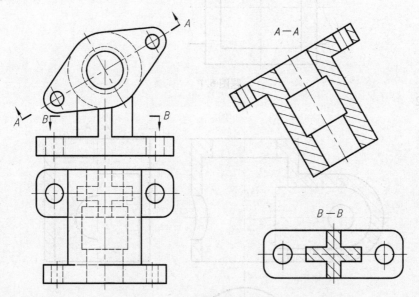

题图 6.4

题 6.5

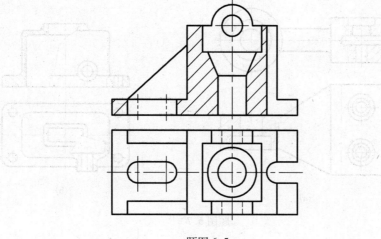

题图 6.5

题 6.6

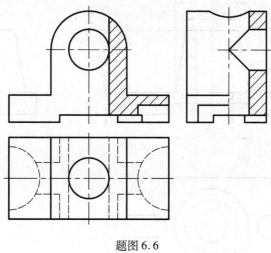

题图 6.6

题 6.7

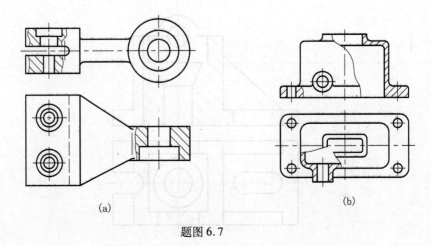

(a)   (b)

题图 6.7

题 6.8

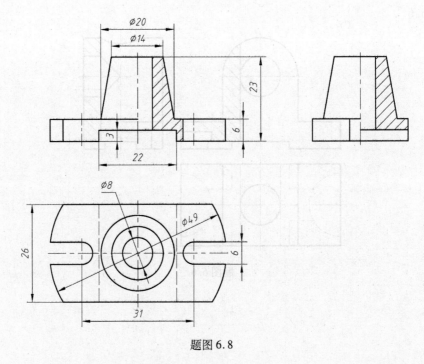

题图 6.8

题 6.9

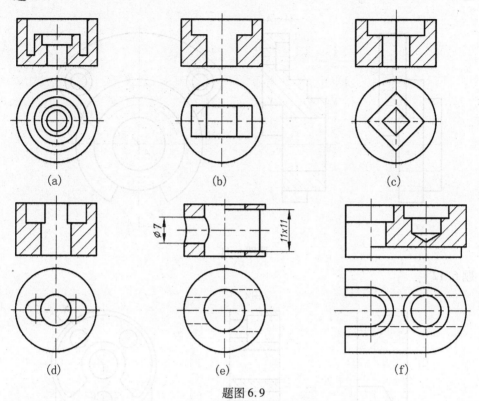

(a) (b) (c)

(d) (e) (f)

题图 6.9

题 6.10

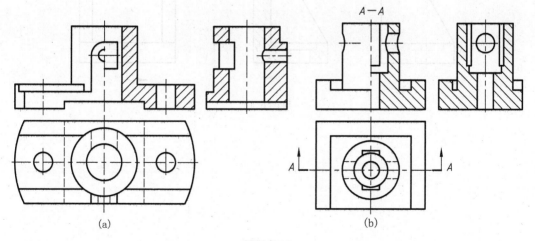

(a) (b)

题图 6.10

题 6.11

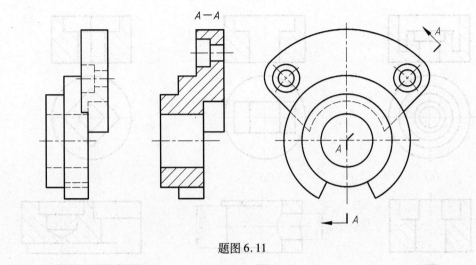

题图 6.11

题 6.12

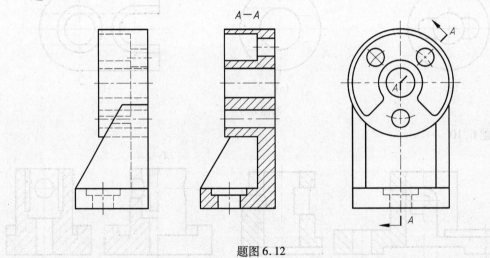

题图 6.12

题 6.13

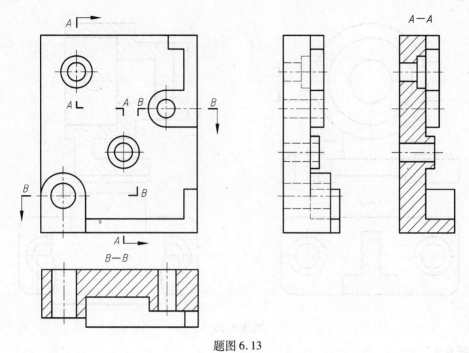

题图 6.13

题 6.14   题 6.15

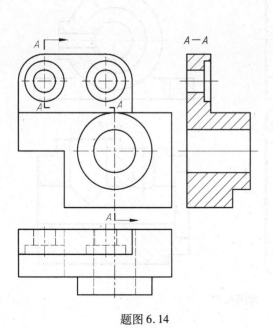

题图 6.14

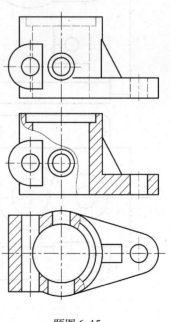

题图 6.15

题 6.16

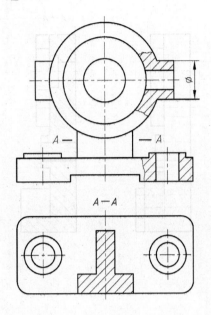
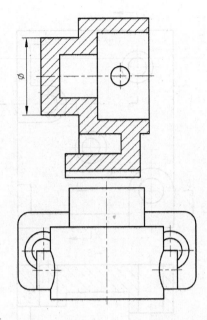

题图 6.16

题 6.17

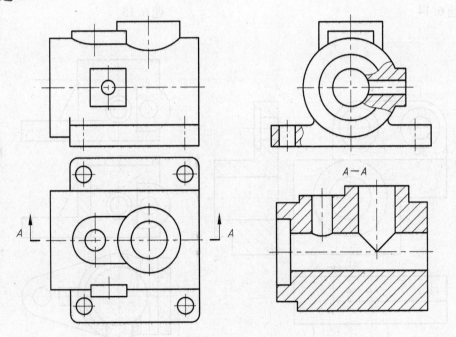

题图 6.17

题 6.18

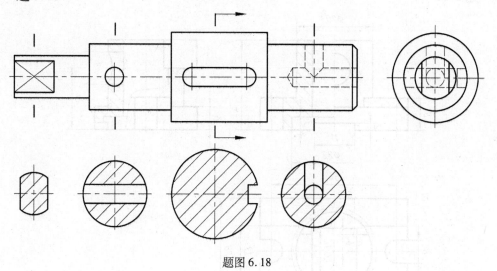

题图 6.18

题 6.19

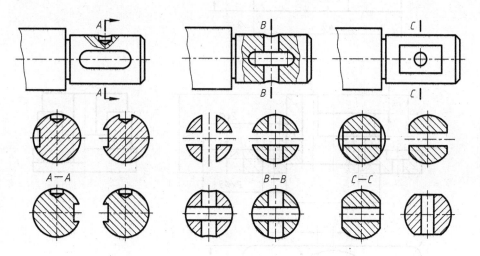

题图 6.19

题 6.20

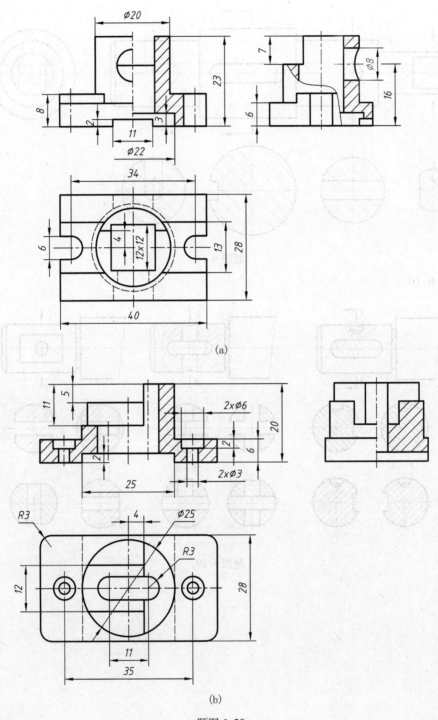

(a)

(b)

题图 6.20

题 6.21

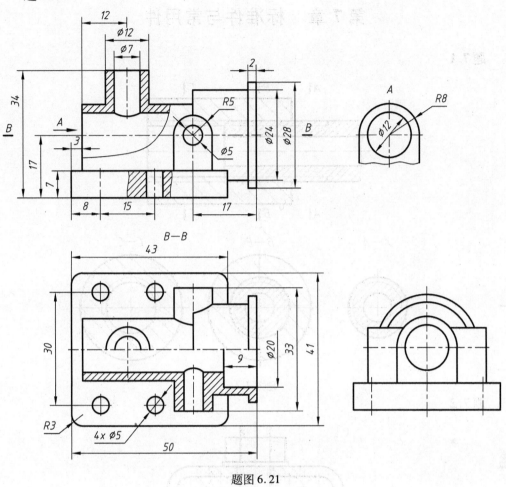

题图 6.21

第7章 标准件与常用件

题 7.1

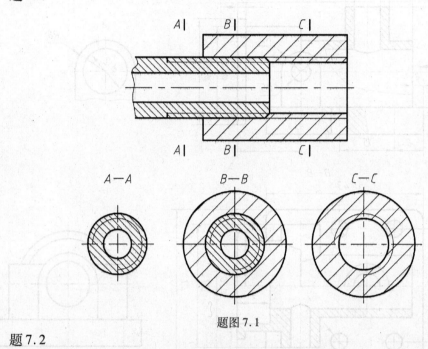

题图 7.1

题 7.2

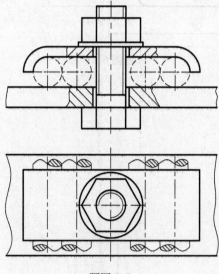

题图 7.2

题7.3

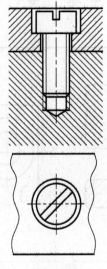

题图7.3

题7.4

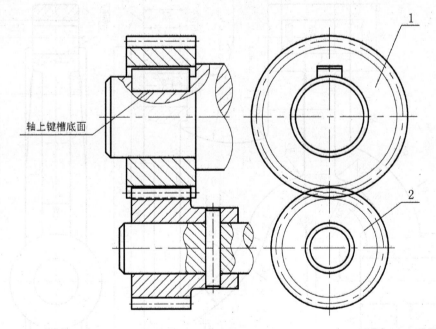

轴上键槽底面

1

2

题图7.4

第 **8** 章 零件图

题 8.1

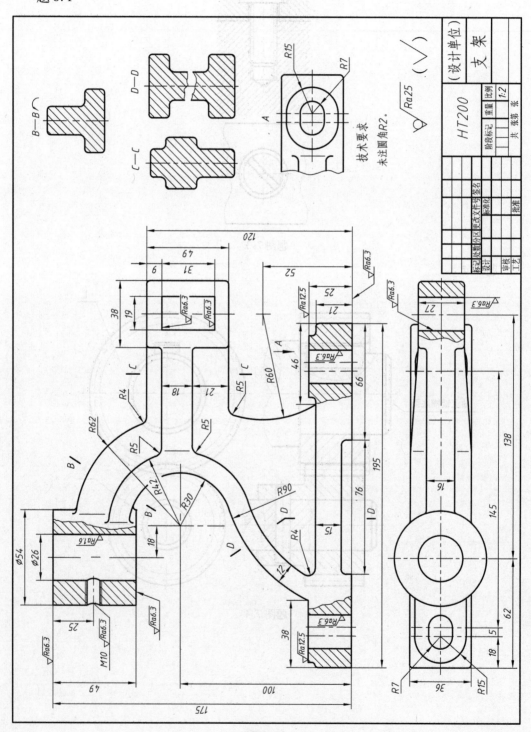

题图 8.1

题 8.2

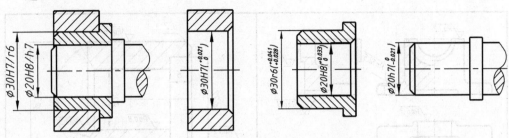

∅30H7/r6 表示　公称尺寸为∅30，基孔制过盈配合，孔的公差等级为 IT7 级，轴的公差等级为 IT6 级

∅20H8/h7 表示　公称尺寸为∅20，基准轴和基准孔间隙配合，孔的公差等级为 IT8 级，轴的公差等级为 IT7 级

题图 8.2

题 8.3

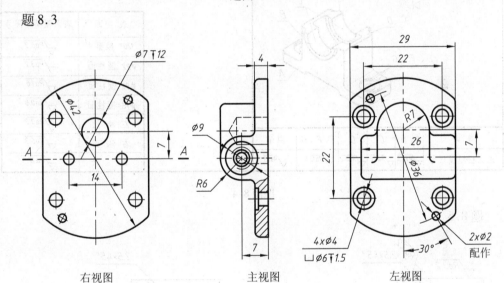

右视图　　　　　　　主视图　　　　　　　左视图

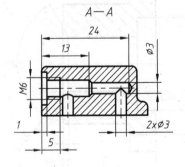

A—A

各视图的作用：
主视图采用局部剖，重点表达外部结构以及各部分
　　　　　　的相对位置，兼顾沉孔的表达；
左视图采用视图，重点表达外部结构形状；
右视图采用视图，重点表达各个孔的相对位置；
A—A 剖视图重点表达内部孔相通的情况。

题图 8.3

题 8.4

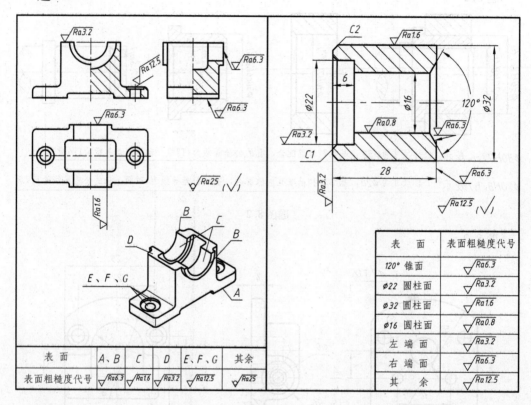

表　面	表面粗糙度代号
120° 锥面	√Ra6.3
∅22 圆柱面	√Ra3.2
∅32 圆柱面	√Ra1.6
∅16 圆柱面	√Ra0.8
左 端 面	√Ra3.2
右 端 面	√Ra6.3
其　余	√Ra12.5

表　面	A、B	C	D	E、F、G	其余
表面粗糙度代号	√Ra6.3	√Ra1.6	√Ra3.2	√Ra12.5	√Ra25

题图 8.4

题 8.5

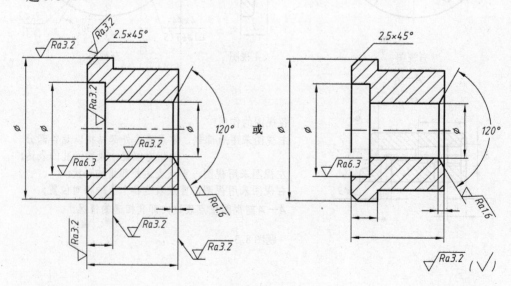

题图 8.5

题 8.6

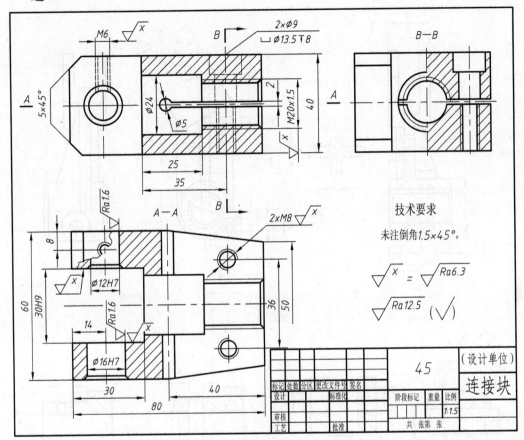

题图 8.6

题 8.7

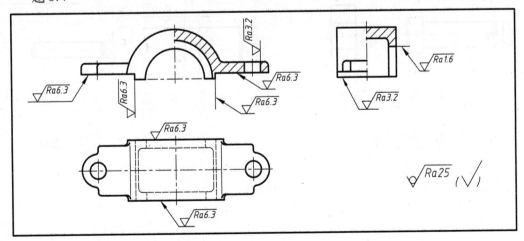

题图 8.7

题 8.8

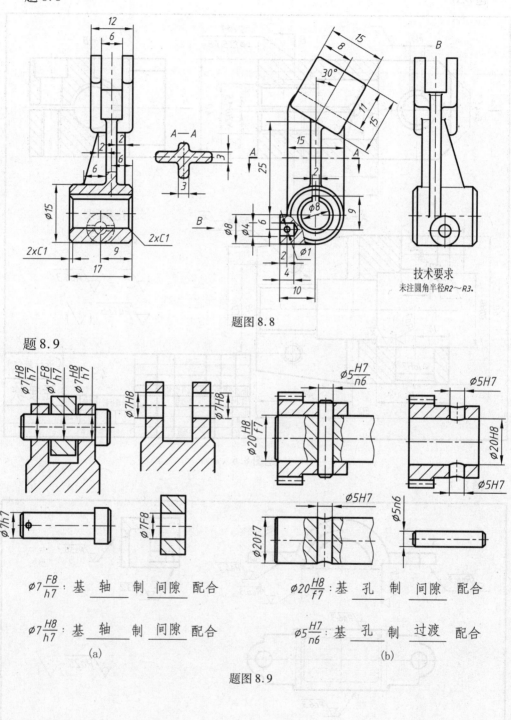

题图 8.8

技术要求
未注圆角半径R2～R3.

题 8.9

$\phi 7\frac{F8}{h7}$：基　轴　制　间隙　配合

$\phi 7\frac{H8}{h7}$：基　轴　制　间隙　配合

(a)

$\phi 20\frac{H8}{f7}$：基　孔　制　间隙　配合

$\phi 5\frac{H7}{n6}$：基　孔　制　过渡　配合

(b)

题图 8.9

题 8.10

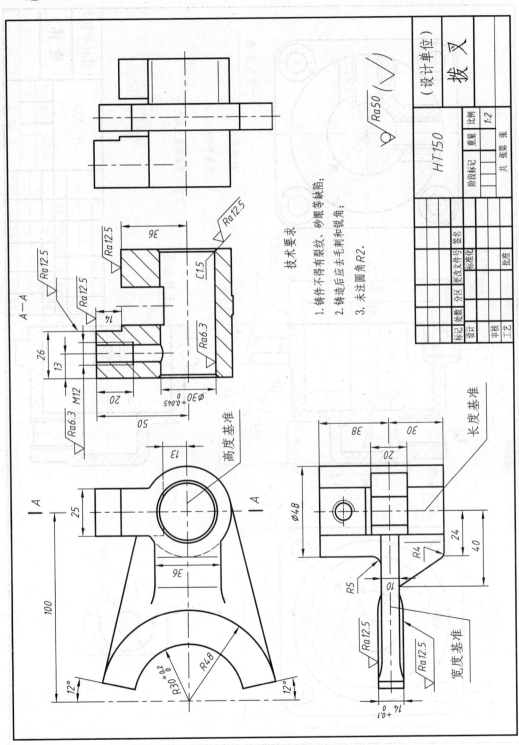

题图 8.10

题 8.11

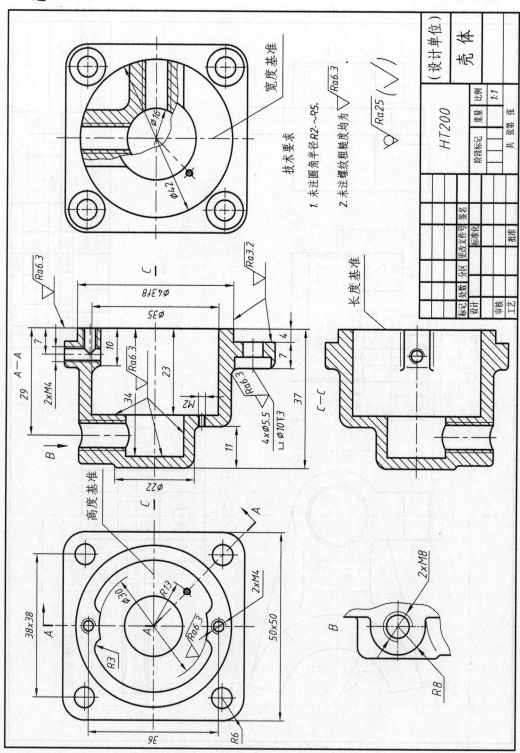

题图 8.11

题8.12

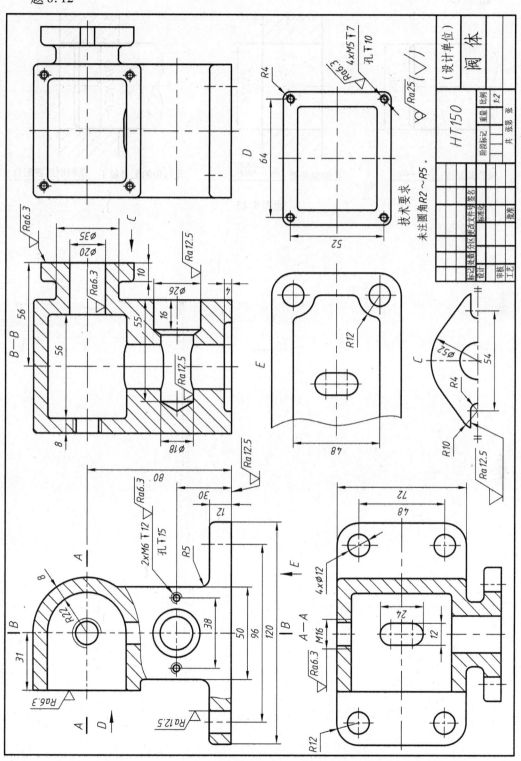

题图8.12

题 8.13

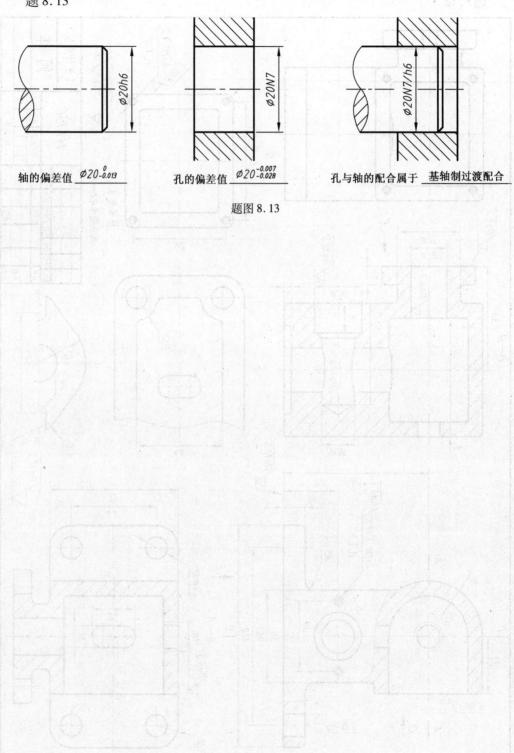

轴的偏差值 $\varnothing 20^{\ \ 0}_{-0.013}$ 孔的偏差值 $\varnothing 20^{-0.007}_{-0.028}$ 孔与轴的配合属于 基轴制过渡配合

题图 8.13

第 9 章 装配图

题 9.1

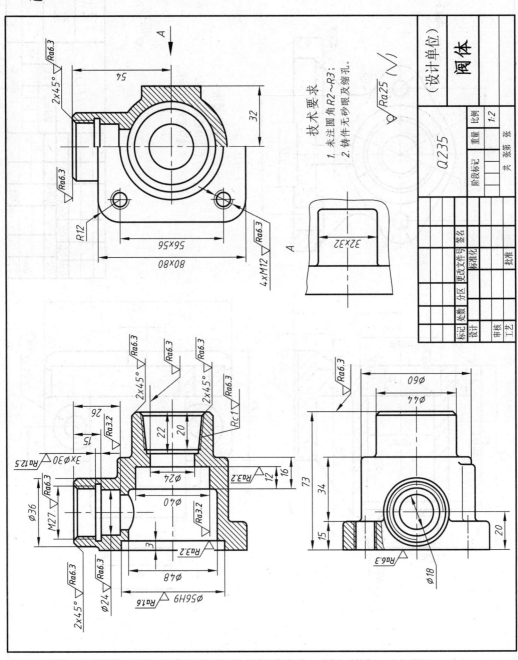

题图 9.1

题9.2

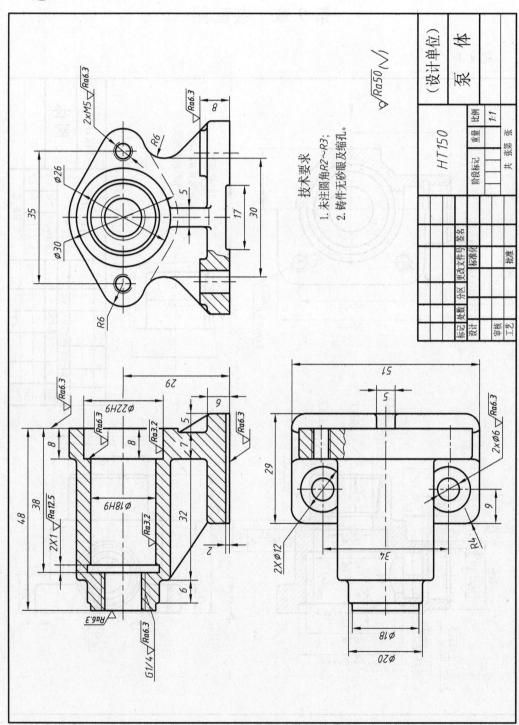

题图 9.2

题 9.3

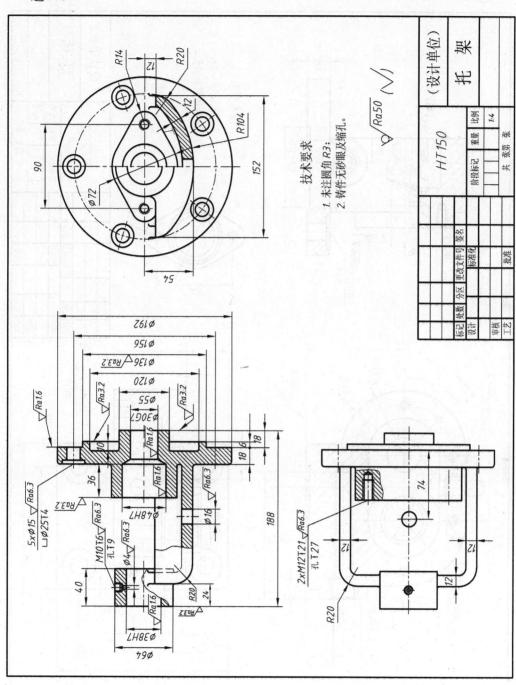

题图 9.3

题9.4

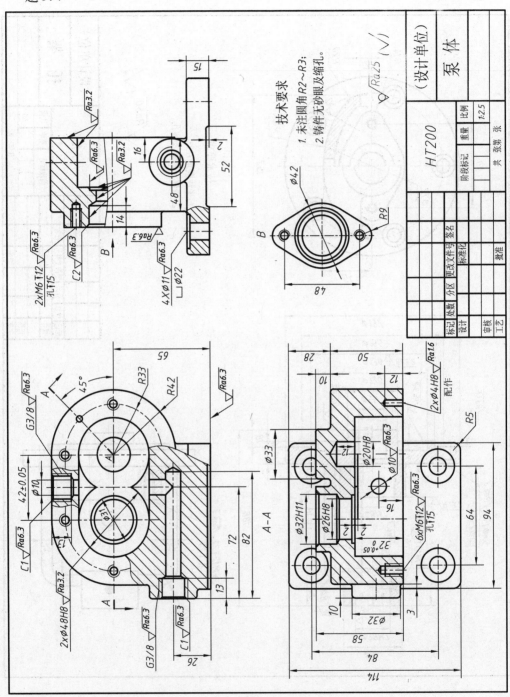

题图9.4

题9.5

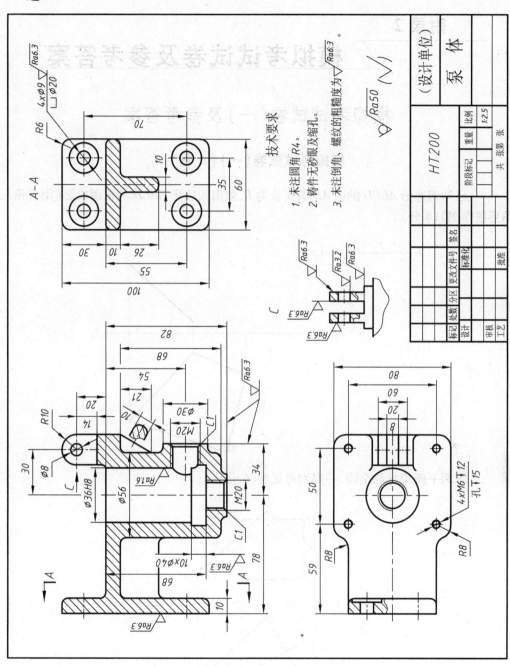

题图9.5

模拟考试试卷及参考答案*

模拟考试试卷(一)及参考答案

模拟考试试卷(一)(A 卷)

一、已知四边形 ABCD 的边 AD 的实长为 L,画出四边形 ABCD 的正面投影(用直角三角形法作图)(8 分)。

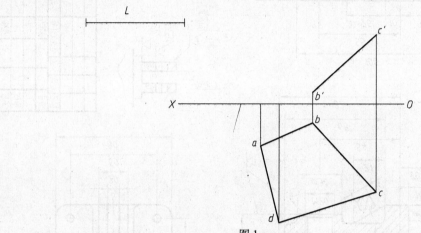

图 1

二、求两平面相交的交线,并判别可见性(6 分)。

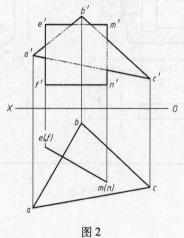

图 2

---

* 注:每套模拟考试试卷满分为 70 分。

三、完成三棱锥切通口后的水平投影和侧面投影(7分)。

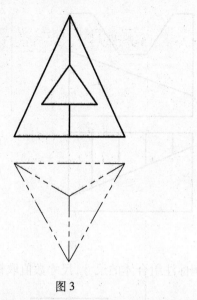

图3

四、已知圆筒截切后的正面投影和水平投影,求作其侧面投影(6分)。

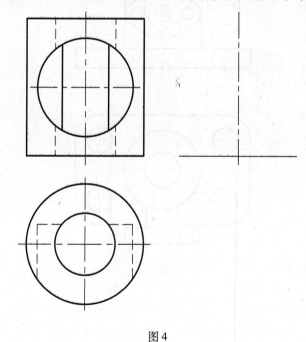

图4

五、根据切割式组合体的主、俯视图,补画出左视图(8 分)。

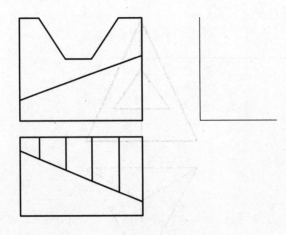

图 5

六、按 1 : 1 的比例标注组合体的尺寸,尺寸数值取整(10 分)。

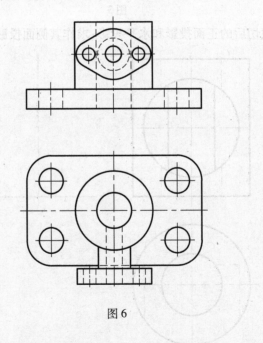

图 6

七、读懂机件的两视图,在指定位置绘出全剖的主视图和半剖的左视图(12 分)。

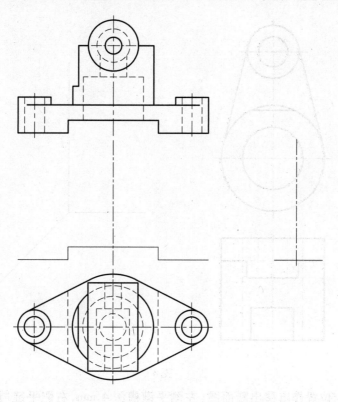

图 7

八、根据组合体的视图,绘出其斜二测轴测投影图(8分)。

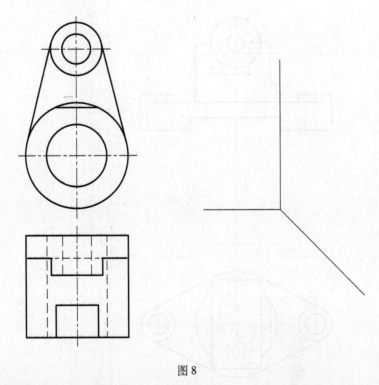

图8

九、在指定位置作出移出断面图(左侧平键槽深4 mm,右侧平键槽宽8 mm),并用2∶1比例画出局部放大图(5分)。

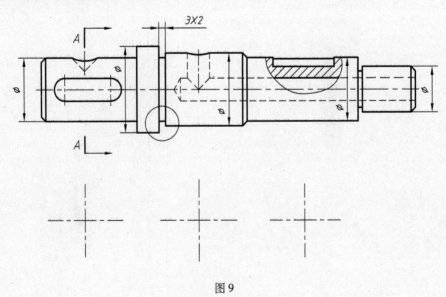

图9

模拟考试试卷(一)(A 卷)参考答案

一、

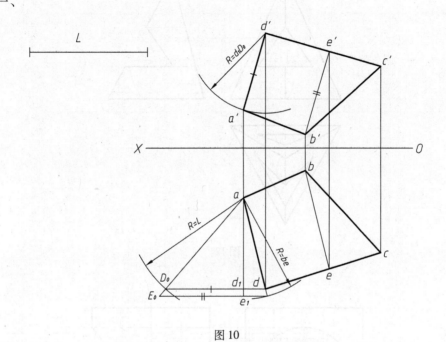

图 10

二、

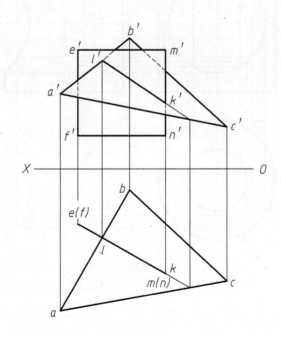

图 11

三、

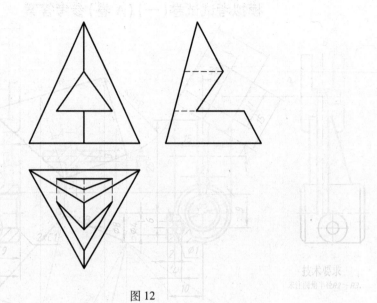

图 12

四、

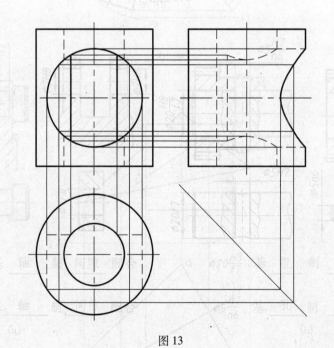

图 13

五、

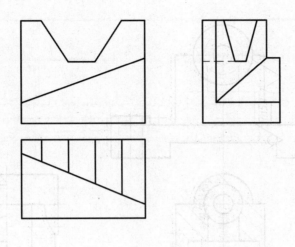

图 14

六、

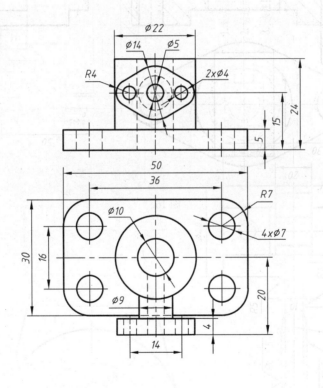

图 15

七、

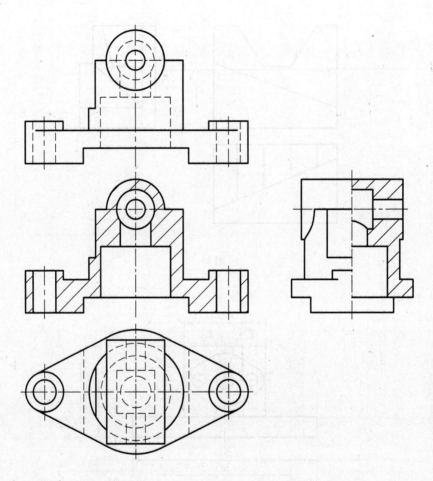

图 16

八、

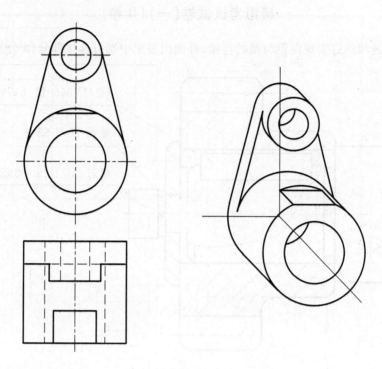

图 17

九、

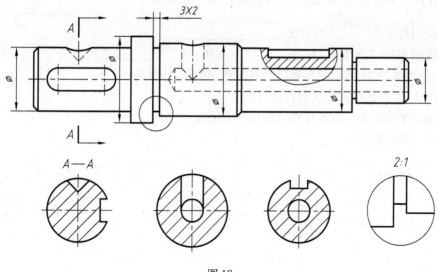

图 18

模拟考试试卷(一)(B 卷)

一、用键和螺钉实现齿轮与轴的连接,补画出视图中螺钉连接部分(8 分)。

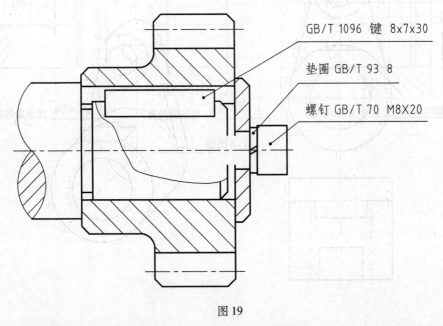

GB/T 1096 键 8x7x30

垫圈 GB/T 93 8

螺钉 GB/T 70 M8X20

图 19

二、读懂箱体零件图,如图 20 所示,画出 *B—B* 全剖视图,并回答下列问题(16 分)。

1. 在图上标注出长、宽、高三个方向的主要尺寸基准。

2. 说明符号 $\sqrt{}^{Ra6.3}$ 的含义:＿＿＿＿＿＿＿。

3. 说明 M36×2 的含义:M＿＿＿＿＿,36＿＿＿＿＿,2＿＿＿＿＿。

三、读懂如图 21 所示的车床尾座装配图(46 分)。要求:

1. 用 1：4 的比例拆画 3 号件零件图。

2. 标注装配图中与该零件相关的尺寸和螺纹尺寸。

3. 标注表面粗糙度。

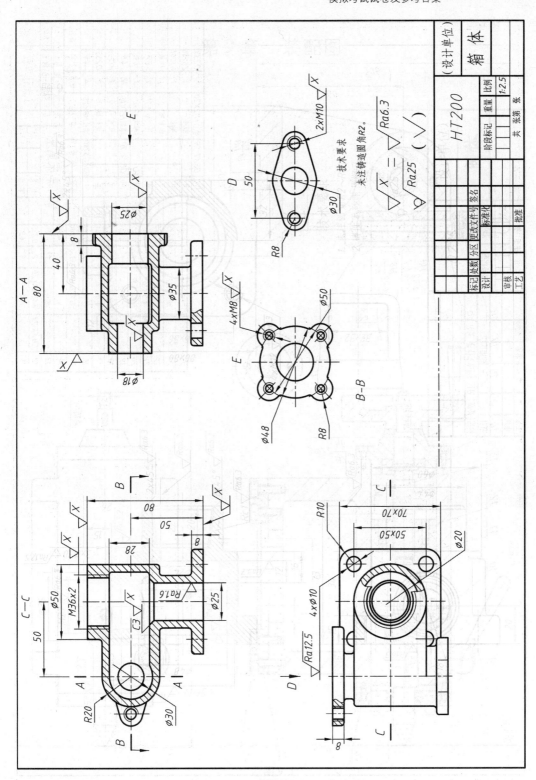

图20

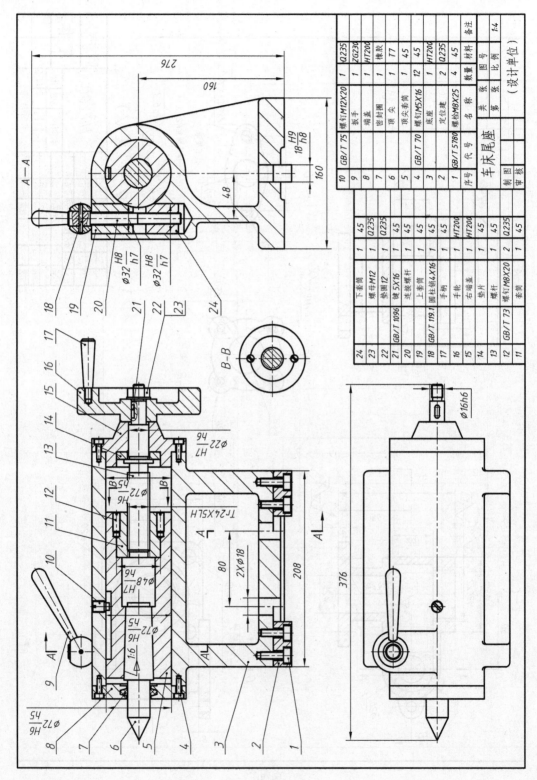

序号	代号	名称	数量	材料	备注
10	GB/T 75	螺钉M12X20	1	Q235	
9		扳手	1	ZG230	
8		端盖	1	HT200	
7		密封圈	1	橡胶	
6		顶尖	1	T7	
5		顶尖套筒	1	45	
4	GB/T 70	螺钉M5X16	12	45	
3		底座	1	HT200	
2		定位键	2	Q235	
1	GB/T 5780	螺栓M8X25	4	45	

车床尾座

24		下套筒	1	45	
23		螺母M12	1	Q235	
22		垫圈12	1	Q235	
21	GB/T 1096	键 5X16	1	45	
20		连接螺杆	1	45	
19		上套筒	1	45	
18	GB/T 119.1	圆柱销4X16	1	45	
17		手柄	1	HT200	
16		手轮	1	HT200	
15		右端盖	1	45	
14		垫片	1	45	
13	GB/T 73	螺钉M8X20	2	Q235	
12		套筒	1	45	
11					

图 21

模拟考试试卷(一)(B 卷)参考答案

一、

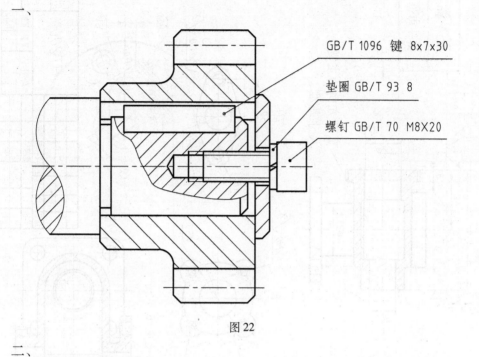

GB/T 1096 键 8x7x30

垫圈 GB/T 93 8

螺钉 GB/T 70 M8X20

图 22

二、

1. 参见图 23。

2. 用去除材料的方法获得的表面粗糙度 Ra6.3 μm。

3. M 普通螺纹 ,36 为螺纹的公称直径 36mm ,2 为螺纹的螺距。

三、

答案参见图 24。

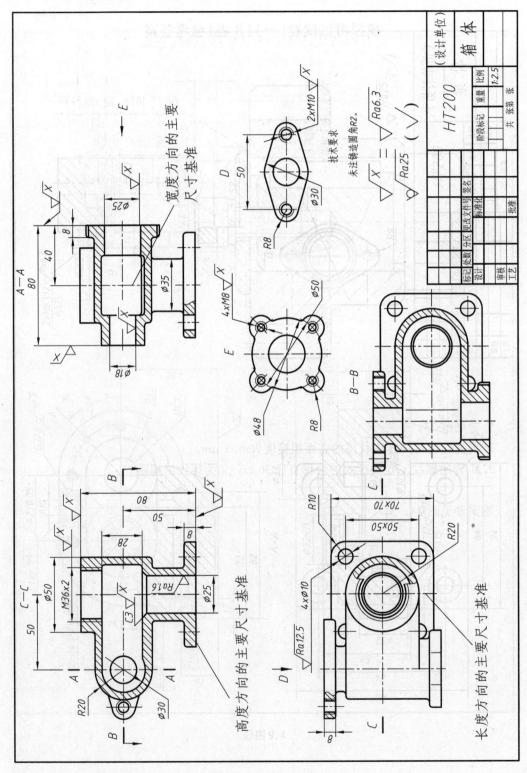

图 23

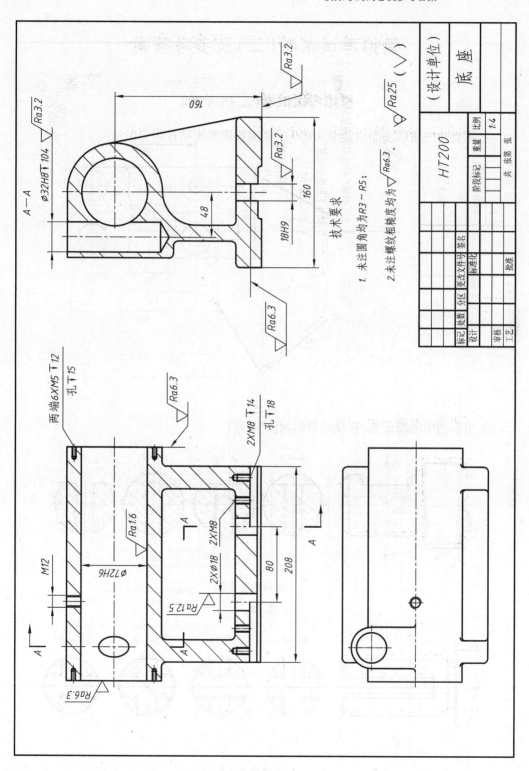

图 24

模拟考试试卷(二)及参考答案

模拟考试试卷(二)(A卷)

一、用直角三角形法作出菱形 *ABCD* 的正面投影和水平投影(10分)。

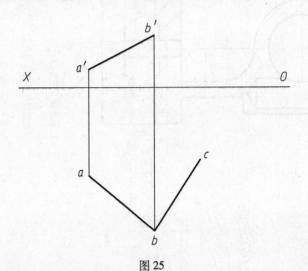

图 25

二、分析图中的断面图,选择正确的画法(4分)。

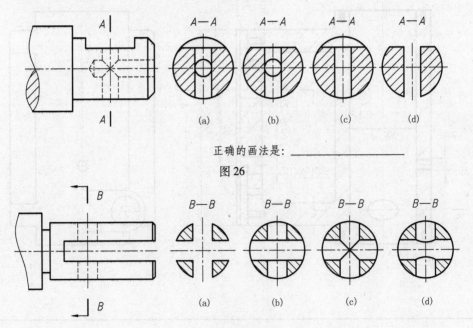

正确的画法是:_____
图 26

正确的画法是:_____
图 27

三、补画出切割式组合体的侧面投影,并画出其正等测轴测投影图(10 分)。

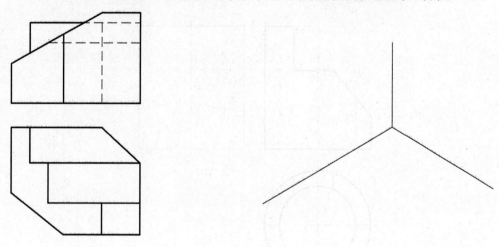

图 28

四、求两平面的交线,并判别可见性(6 分)。

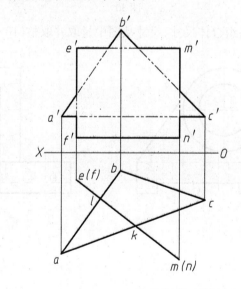

图 29

五、完成圆筒被截切后的水平投影和侧面投影(8 分)。

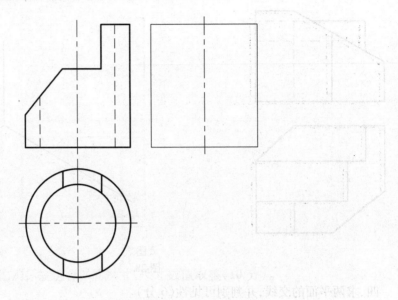

图 30

六、按 1∶1 比例标注组合体尺寸,尺寸从图中量取并取整(10 分)。

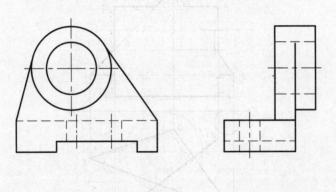

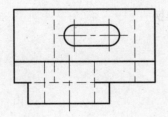

图 31

七、根据组合体的主视图和俯视图,补画出左视图(10 分)。

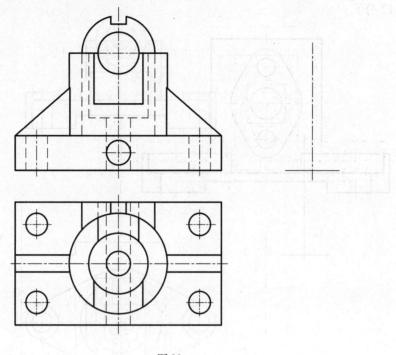

图 32

八、读懂机件的两视图,采取适当的剖切方法,在指定位置将主视图和左视图画成剖视图(12 分)。

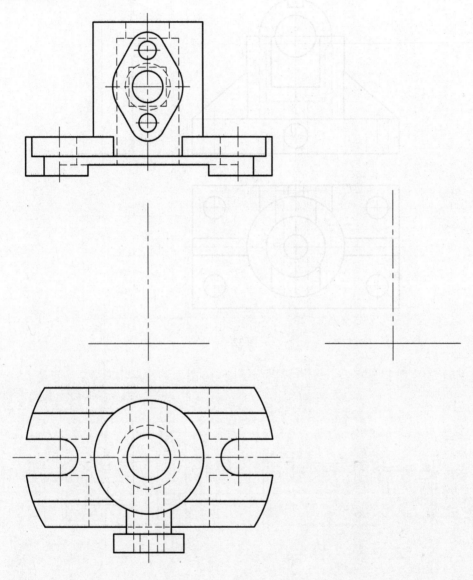

图 33

模拟考试试卷(二)(A卷)参考答案

一、

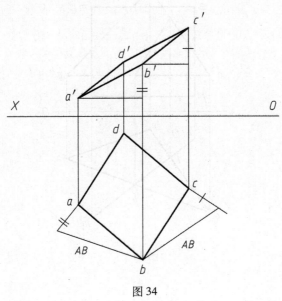

图34

二、<u>（b）</u> ； <u>（b）</u>

三、

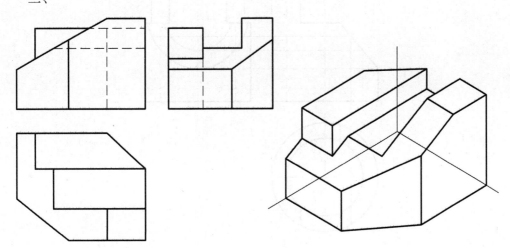

图35

四、

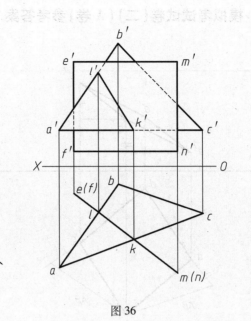

图 36

五、

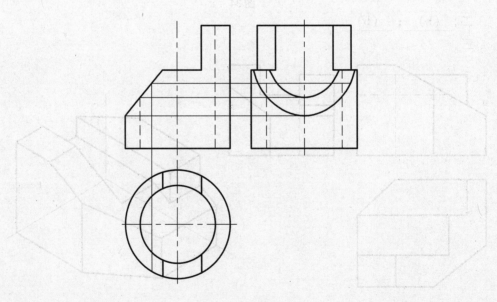

图 37

六、

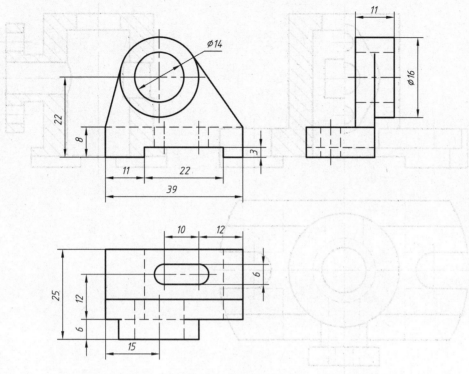

图 38

七、

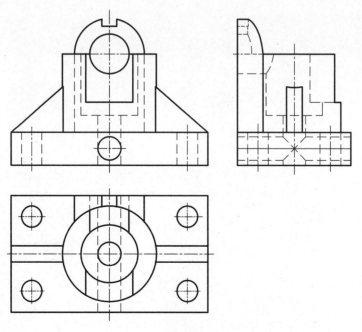

图 39

八、

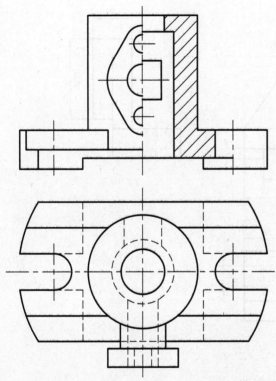

图 40

模拟考试试卷(二)(B 卷)

一、根据已知的图形,补全螺柱连接图(8 分)。

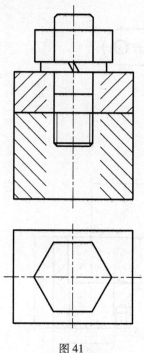

图 41

二、读懂底座零件图,如图 42 所示,回答下列问题并补全左视图的外形图和 *A—A* 断面图(16 分)。

1. 在图上标注出长、宽、高三个方向的主要尺寸基准;

2. 4×M10 ⊤ 18 表示:_____,_____,_____,_____;

3. $\sqrt{\frac{Ra25}{}}$ 表示:_____。

三、读懂如图 43 所示的装配图,完成下列填空并拆画 1 号件零件图(46 分)。

Φ16H8/f8 中 H8/f8 称为_____代号,表示_____制_____配合;

H8 表示_____;H 表示_____;8 表示_____。

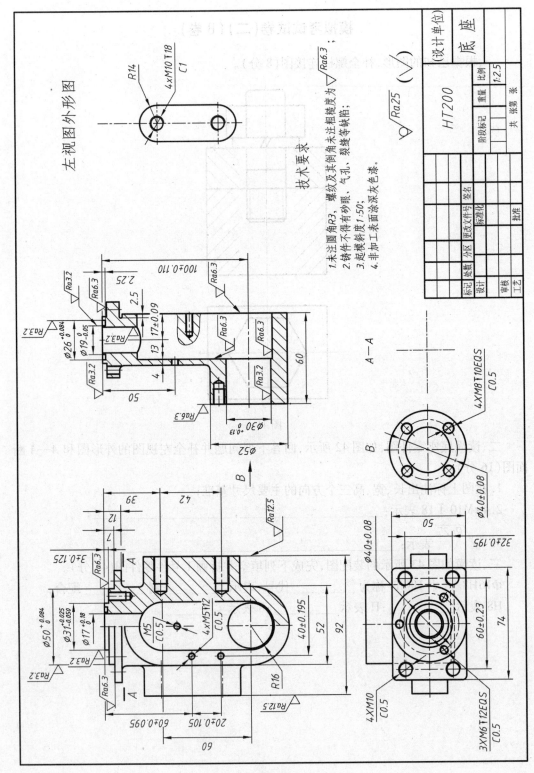

图 42

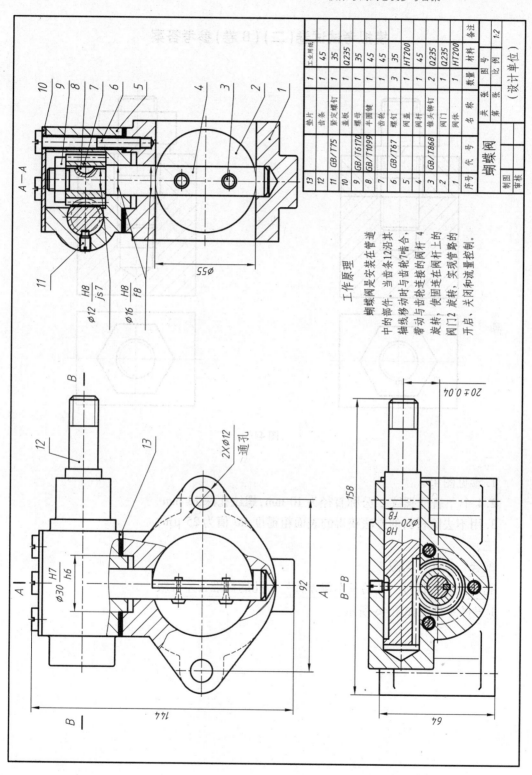

工作原理

蝴蝶阀是安装在管道
中的部件。当齿条 12 沿其
轴线移动时与齿轮 7 啮合，
带动与齿轮连接的阀杆上的
阀门 12 旋转，实现管路的
开启、关闭和流量控制。

序号	代号	名称	数量	材料	备注
13		垫片	1	工业用纸	
12		齿条	1	45	
11	GB/T75	紧定螺钉	1	Q235	
10	GB/T6170	重托板	1	35	
9	GB/T1099	螺母	1	45	
8		半圆键	1	45	
7	GB/T67	齿轮	3	35	
6		螺钉	1	HT200	
5		阀盖	1	45	
4	GB/T868	阀杆	2	Q235	
3		阀门	2	Q235	
2		阀体	1	HT200	
1					

图号　比例 1:2
（设计单位）
蝴蝶阀
制图　审核
共　张　第　张

图 43

模拟考试试卷(二)(B 卷)参考答案

一、

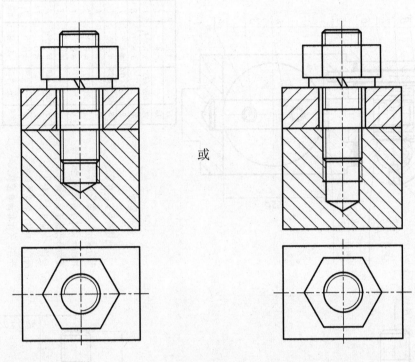

或

图 44

二、

1. 参见图 45。

2. 4 个，普通螺纹，公称直径为 10 mm，螺纹孔深 18 mm。

3. 用不去除材料的方法获得的表面粗糙度 Ra 值为 25 μm。

三、

配合　基孔　间隙

孔的公差带代号　孔的基本偏差代号　孔的标准公差等级

1 号件零件图如图 46 所示。

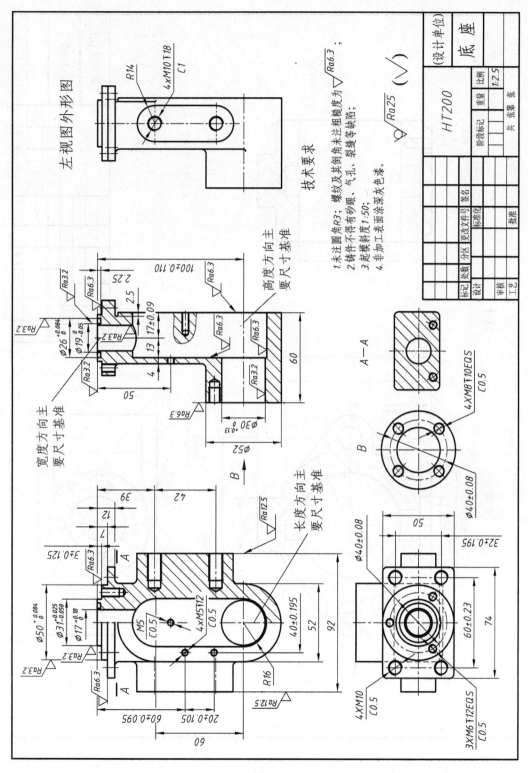

图 45

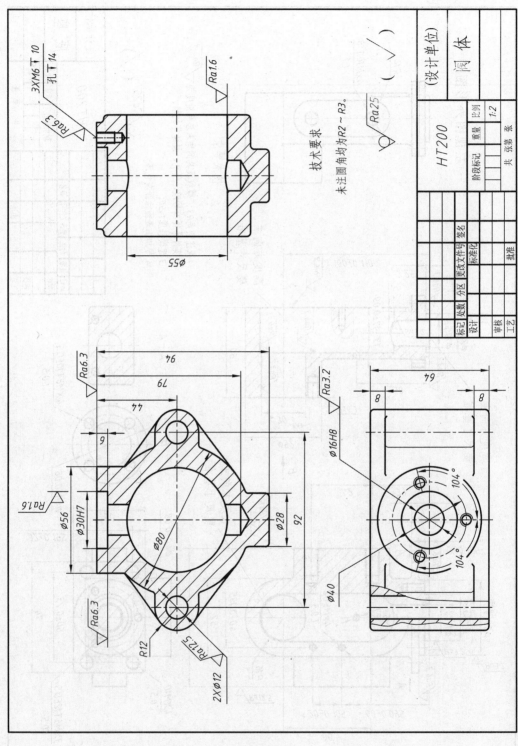

技术要求

未注圆角均为R2～R3。

(设计单位)

阀 体

HT200

			比例	1:2
		阶段标记	重量	
				共 张 第 张

标记	处数	分区	更改文件号	签名	
设计				标准化	
审核				批准	
工艺					

图 46

模拟考试试卷(三)及参考答案

模拟考试试卷(三)(A 卷)

一、判断题(4 分)。

1. 选出正确的断面图画法(2 分)。

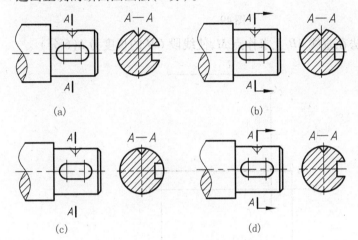

(a)　　　　　　　(b)

(c)　　　　　　　(d)

正确的是: _____

图 47

2. 选出正确的局部视图画法(2 分)。

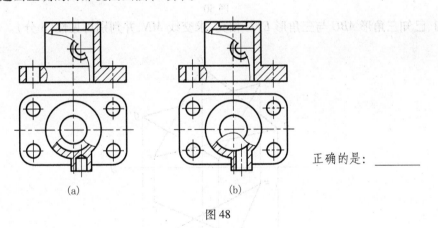

正确的是: _____

(a)　　　　　　　(b)

图 48

二、根据组合体的主、左视图,补画其俯视图(6分)。

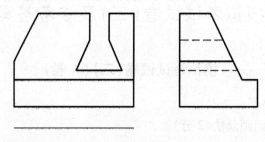

图 49

三、用直角三角形法在直线 AB 上求作点 M,使线段 CM 的长度为 L(6分)。

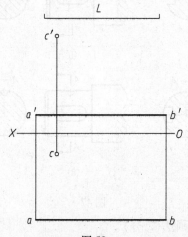

图 50

四、已知三角形 ABC 与三角形 EFG 相交,求交线 MN,并判别可见性(6分)。

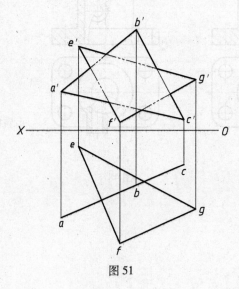

图 51

五、在指定位置画出组合体的斜二测(6分)。

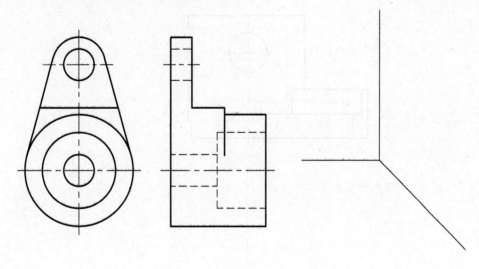

图 52

六、已知圆柱与圆锥相贯,求作其相贯线的投影(6分)。

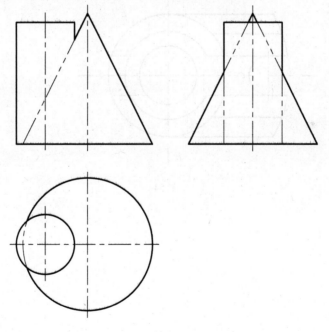

图 53

七、在指定位置画出 *A–A* 的全剖视图和 *B–B* 剖的半剖视图(16分)。

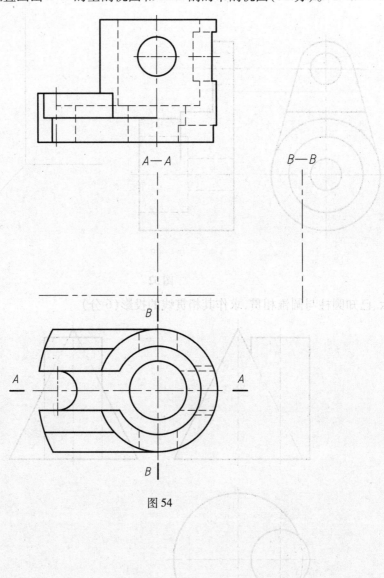

图 54

八、按 1∶1 比例标注组合体的尺寸,尺寸从图中量取并取整(10 分)。

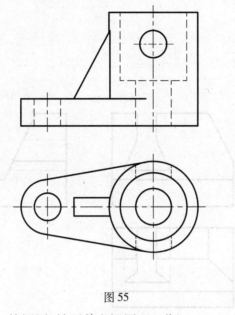

图 55

九、根据组合体的主、俯视图,补画其左视图(10 分)。

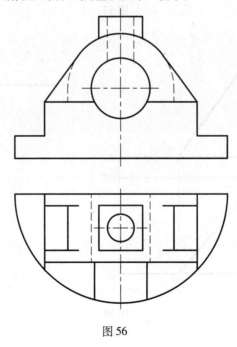

图 56

模拟考试试卷(三)(A卷)卷参考答案

一、

1. 正确的是：__(d)__

2. 正确的是：__(b)__

二、

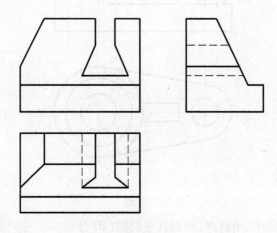

图 57

三、

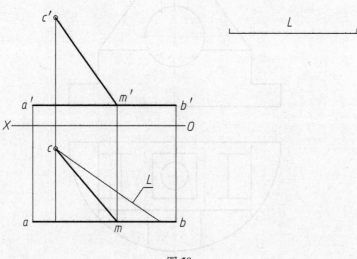

图 58

四、

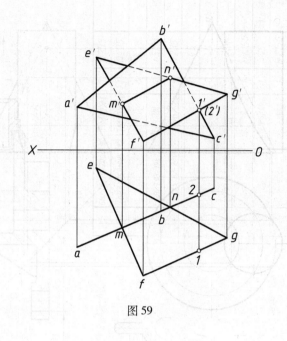

图 59

五、

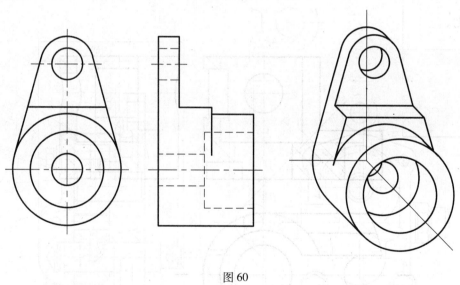

图 60

六、

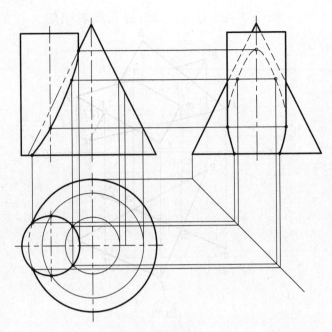

图 61

七、

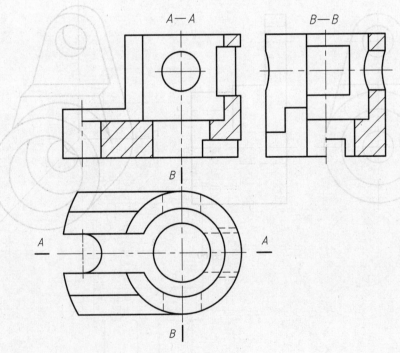

图 62

八、

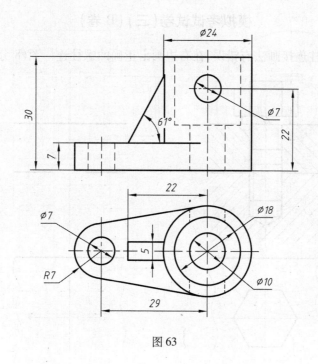

图63

九、

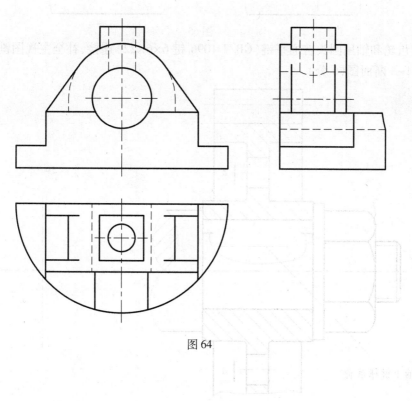

图64

模拟考试试卷(三)(B卷)

一、下面的螺柱连接画法有错误,在右边画出正确的螺柱连接图(8分)。

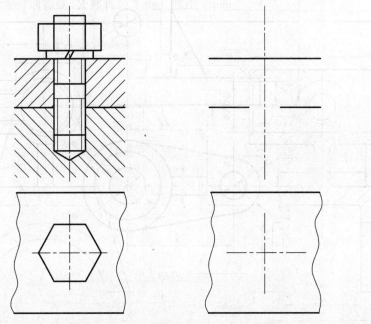

图65

二、齿轮和轴用圆头普通平键(GB/T 1096 键 6×6×22)连接,补全主视图键连接处的投影和 *A–A* 断面图(6分)。

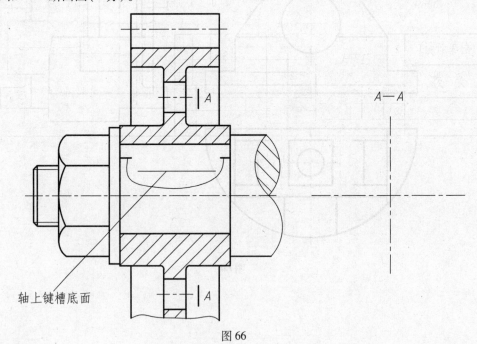

轴上键槽底面

图66

三、已知齿轮啮合的左视图和部分主视图,其中齿轮和轴用销连接,补全齿轮啮合的主视图(6 分)。

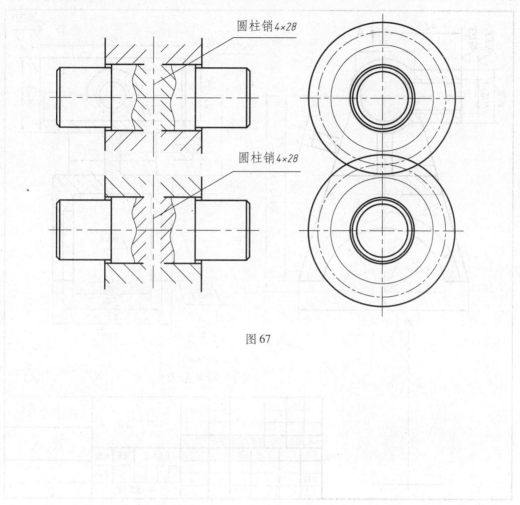

圆柱销4×28

圆柱销4×28

图 67

四、读懂拨叉零件图,在指定位置画出 A 向视图(不画虚线),并且回答下列问题(15分)。

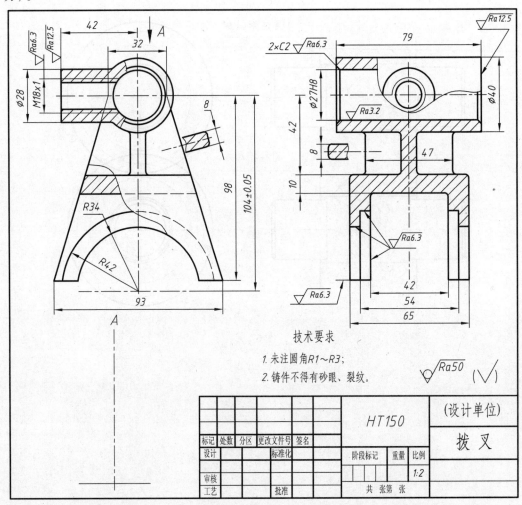

图 68

1. 在图中标注出长、宽、高三个方向的主要尺寸基准。

2. 说明符号 $\sqrt{\frac{Ra50}{}}$ (√)的含义＿＿＿＿＿＿＿＿＿＿。

3. 说明 M8×1 的含义：＿＿＿＿＿＿＿＿＿＿＿。

五、读懂齿轮泵装配图,拆画 2 号件零件图(35 分)。要求:

1. 标注有配合的尺寸及其公差带代号;

2. 标注螺纹尺寸;

3. 标注配合表面和螺纹的表面粗糙度并填写标题栏。

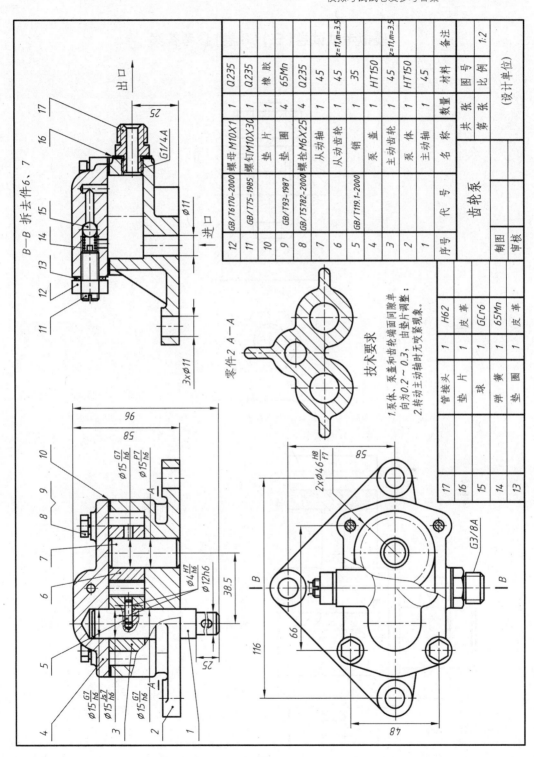

图 69

模拟考试试卷(三)(B卷)参考答案

一、

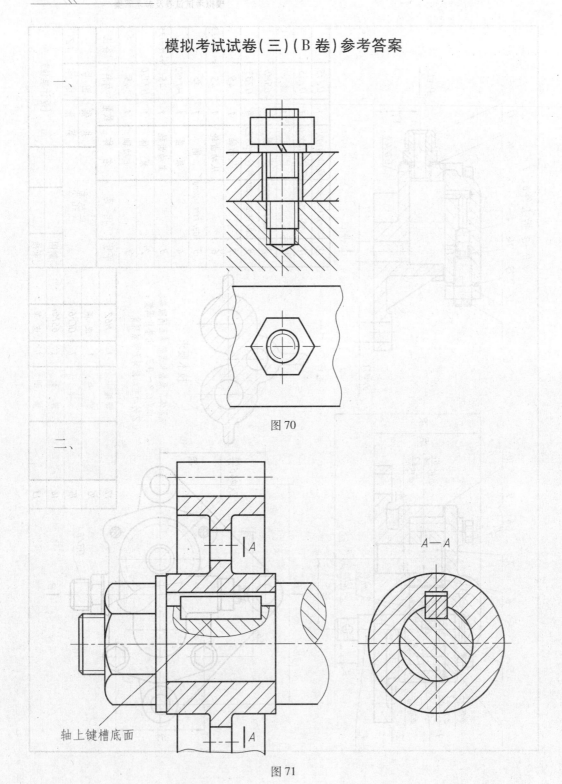

图 70

二、

图 71

轴上键槽底面

A—A

三、

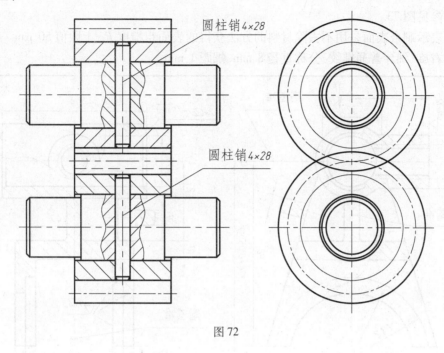

圆柱销4×28

圆柱销4×28

图 72

四、

1. 参见图 73。

2. 表示剩余表面是用不去除材料的方法获得的表面粗糙度 R_1 上限值 50 μm。

3. 右旋、细牙普通螺纹、公称直径 8 mm、螺距 1 mm。

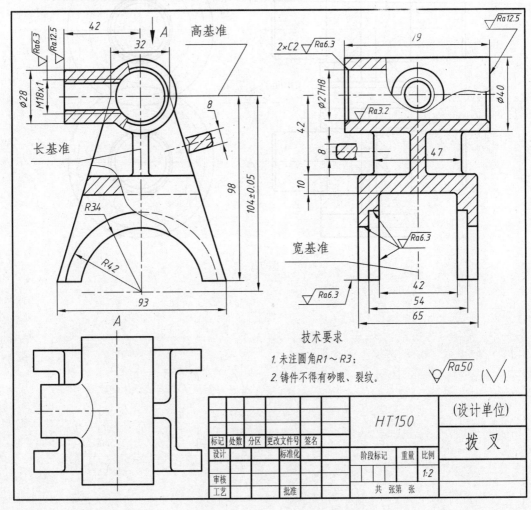

图 73

五、按要求绘制的 2 号件零件图如下图所示。

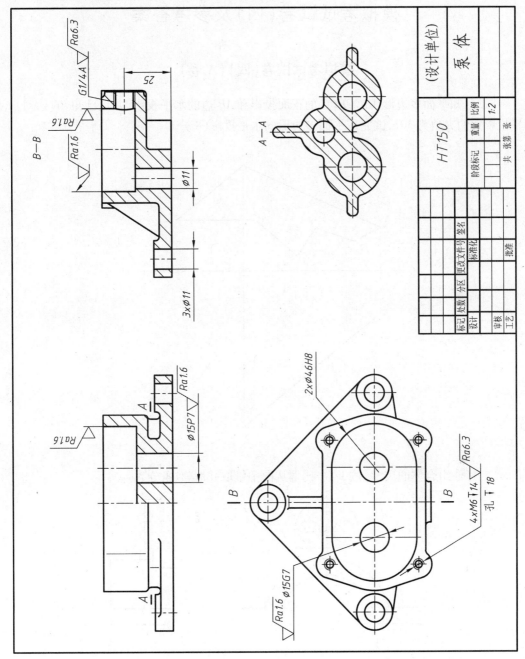

图 74

模拟考试试卷(四)及参考答案

模拟考试试卷(四)(A 卷)

一、已知平面多边形 *ABCDEFG* 的正面投影和 *AB* 边的水平投影,并且已知 *BC* 边对水平投影面的夹角为30°,试完成平面多边形的水平投影(8 分)。

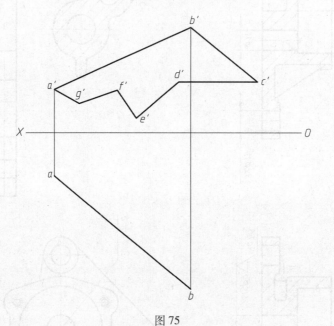

图 75

二、标注组合体的尺寸,按 1∶1 比例从图中量取并取整(8 分)。

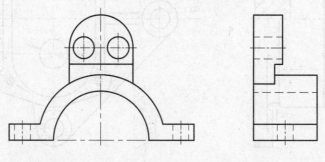

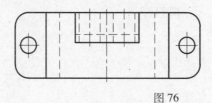

图 76

三、已知三角形 *ABC* 与三角形 *DEF* 相交,求交线 *MN*,并判别可见性(6分)。

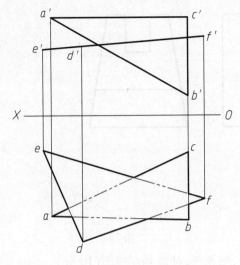

图77

四、完成立体表面交线的正面投影(8分)。

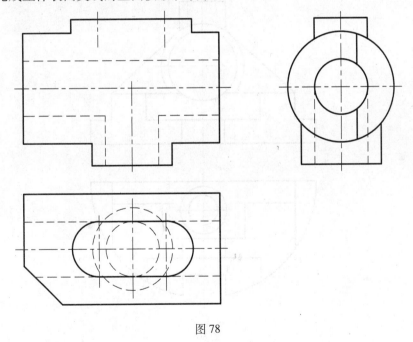

图78

五、完成平面立体被截切后的水平投影,画出其正等测轴测投影图(12 分)。

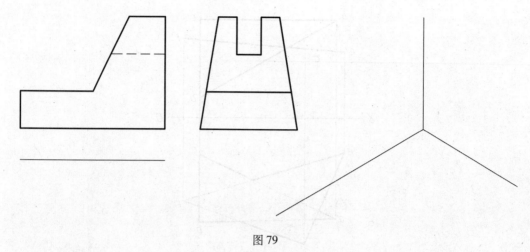

图 79

六、根据组合体的主、俯视图,补画其左视图(10 分)。

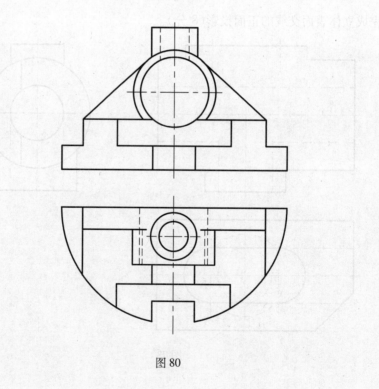

图 80

七、读懂组合体的三视图,在指定位置用恰当的表达方法画出主视图和左视图(12分)。

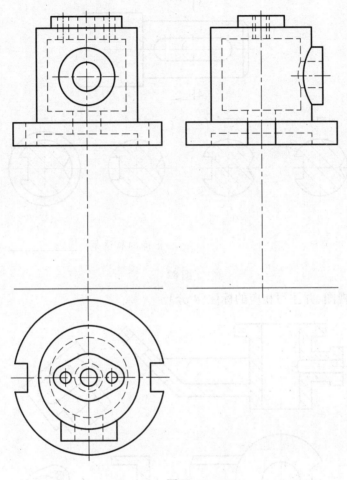

图 81

八、根据主视图,判断正确的 *A-A* 断面图(2 分)。

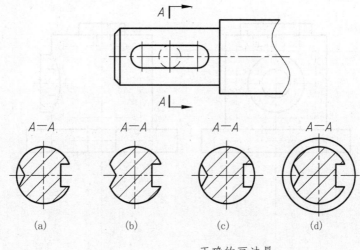

正确的画法是: _____

图 82

九、读懂各视图,并注写相应的标注(4 分)。

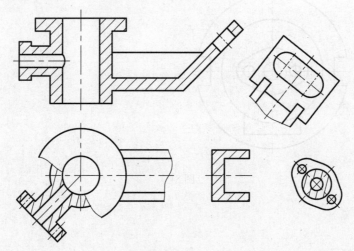

图 83

模拟考试试卷(四)(A 卷)参考答案

一、

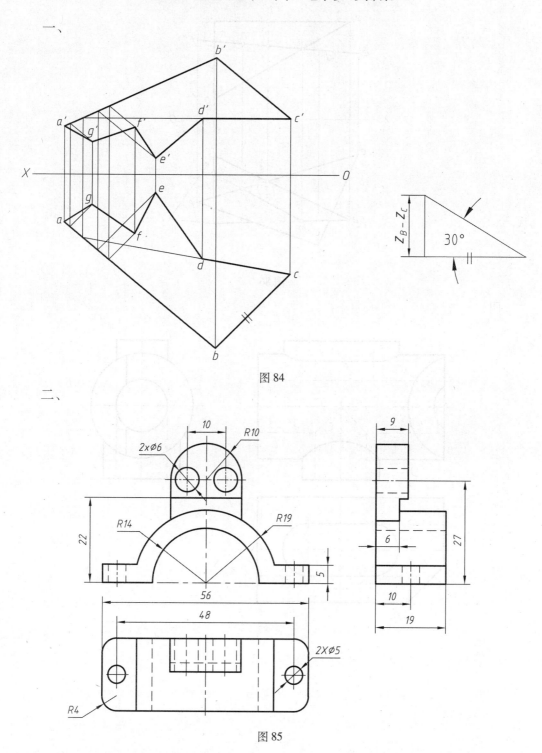

图 84

二、

图 85

三、

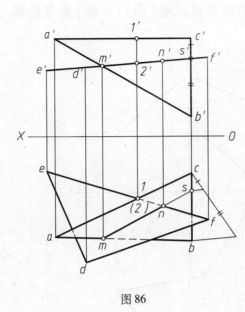

图 86

四、

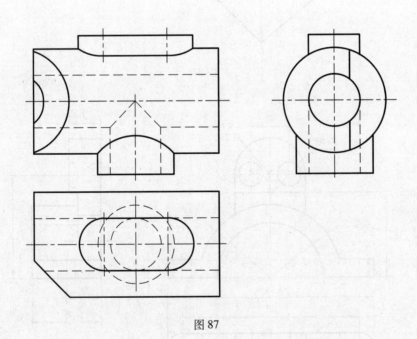

图 87

五、

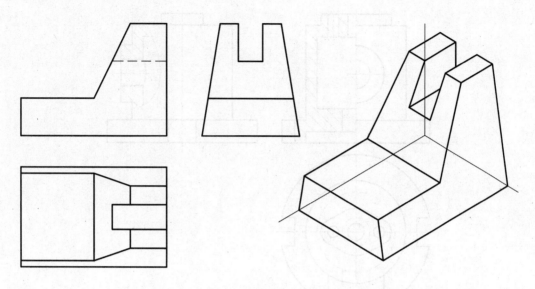

图 88

六、

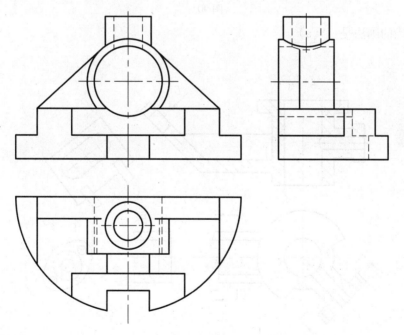

图 89

七、

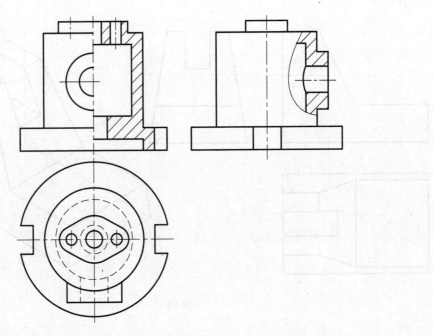

图 90

八、正确的画法是：（a）

九、

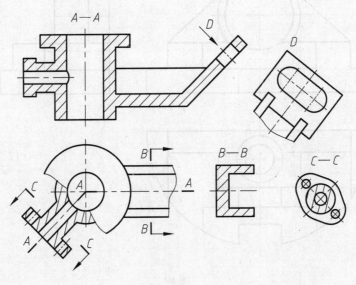

图 91

模拟考试试卷(四)(B卷)

一、标注螺纹尺寸(4分)。

1. 细牙普通螺纹,公称直径20,螺距2,螺纹长度35,倒角2×45°,左旋。

2. 非螺纹密封的圆柱管螺纹,尺寸代号5/8英寸,螺纹长度35,倒角2×45°,公差等级A,右旋。

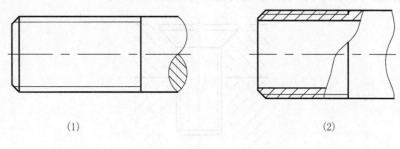

(1) (2)

图 92

二、读懂上阀体零件图,回答下列问题(16分)。

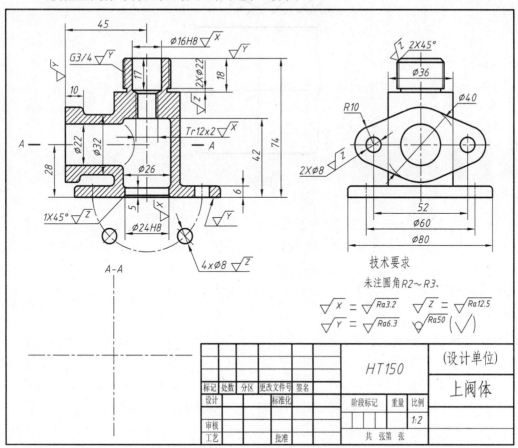

图 93

1. 在指定位置画出 *A–A* 剖视图；

2. 在图上标注出长、宽、高三个方向尺寸的主要基准；

3. 说明 *Φ*16H8 的含义：*Φ*16 _____，H _____，8 _____；

4. 说明符号 $\sqrt{}^{Ra6.3}$ 的含义：_____；

5. 说明符号 $\sqrt{}^{Ra50}$ 的含义：_____。

三、根据已知的图形，补全开槽沉头螺钉连接图(10 分)。

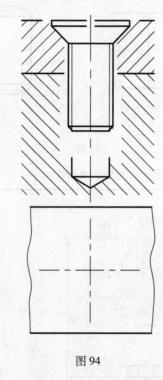

图 94

四、齿轮和轴使用键连接,根据已知的图形及键的规格,补全齿轮啮合图(10 分)。

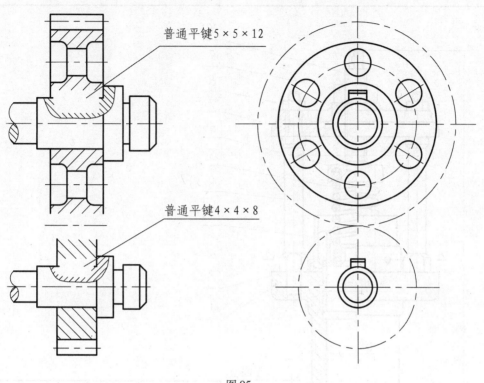

普通平键5×5×12

普通平键4×4×8

图 95

五、看懂安全活门的装配图,拆画外壳的零件图(30 分)。

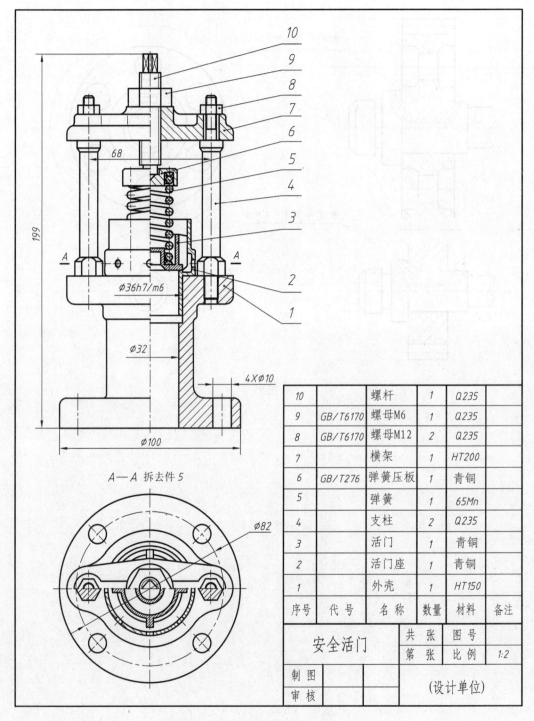

A—A 拆去件 5

10		螺杆	1	Q235	
9	GB/T6170	螺母M6	1	Q235	
8	GB/T6170	螺母M12	2	Q235	
7		横架	1	HT200	
6	GB/T276	弹簧压板	1	青铜	
5		弹簧	1	65Mn	
4		支柱	2	Q235	
3		活门	1	青铜	
2		活门座	1	青铜	
1		外壳	1	HT150	
序号	代 号	名 称	数量	材料	备注

安全活门	共 张	图号	
	第 张	比例	1:2

制 图		(设计单位)
审 核		

图 96

模拟考试试卷(四)(B卷)参考答案

一、

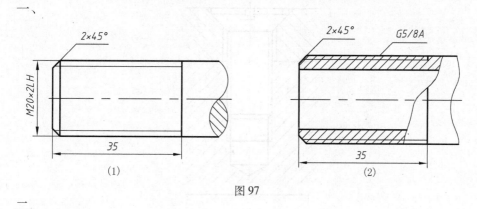

(1)

(2)

图 97

二、

1. 参见图98。

2. 参见图98。

3. 公称尺寸 　孔的基本偏差代号 　孔的标准公差等级

4. 用去除材料的方法获得的表面粗糙度 $Ra6.3\mu m$。

5. 表面用不去除材料的方法获得的表面粗糙度 $Ra50\mu m$ 。

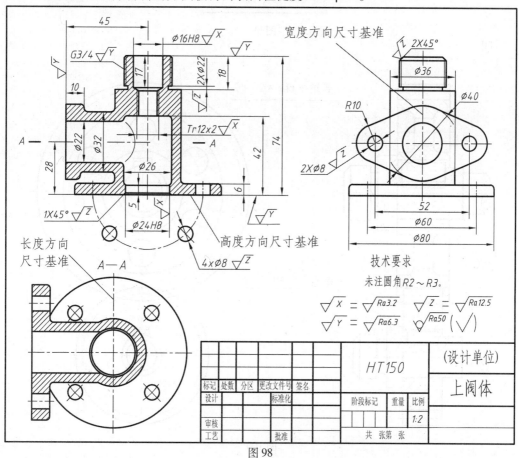

图 98

三、

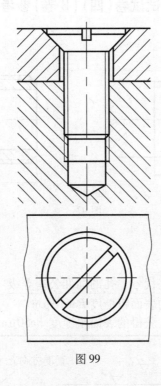

图 99

四、

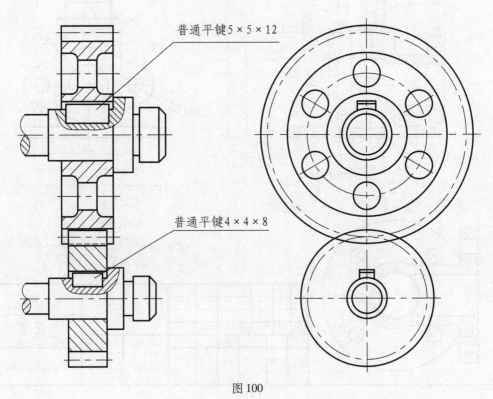

普通平键5×5×12

普通平键4×4×8

图 100

五、外壳零件图如下图所示。

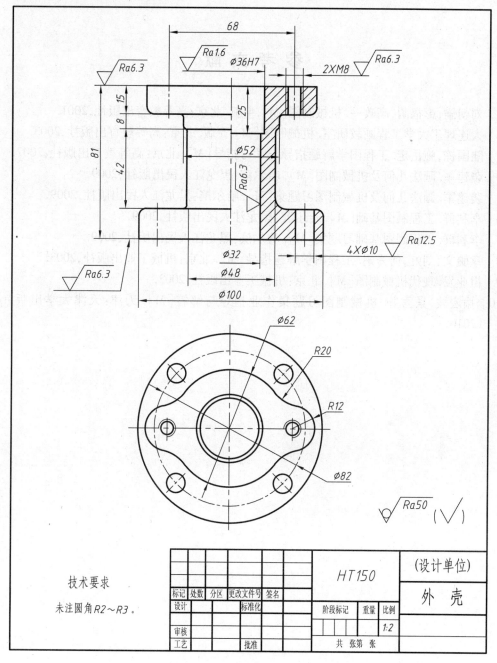

技术要求

未注圆角 R2～R3。

图 101

参 考 文 献

[1] 刘朝儒,彭福荫,高政一.机械制图[M].4版.北京:高等教育出版社,2001.
[2] 大连理工大学工程画教研室.机械制图[M].5版.北京:高等教育出版社,2003.
[3] 陆国栋,施岳定.工程图学解题指导与学习指导[M].北京:高等教育出版社,2007.
[4] 袭建军.画法几何及机械制图[M].哈尔滨:黑龙江人民出版社,2009.
[5] 袭建军.画法几何及机械制图习题集[M].哈尔滨:黑龙江人民出版社,2009.
[6] 李利群.工程制图基础[M].哈尔滨:黑龙江人民出版社,2009.
[7] 李利群.工程制图基础习题集[M].哈尔滨:黑龙江人民出版社,2009.
[8] 章毓文,刘虹,何秀娟.工程图学解题指导[M].北京:机械工业出版社,2003.
[9] 祖业发.现代机械制图[M].北京:机械工业出版社,2002.
[10] 喻宏波,景秀并.机械制图习题集作业指导与解答[M].天津:天津大学出版社,
    2010.